下落小猫与基础物理学

[美] 格雷戈里·J. 格布尔——著
戴一——译

中信出版集团 | 北京

图书在版编目（CIP）数据

下落小猫与基础物理学 /（美）格雷戈里·J. 格布尔著；戴一译. -- 北京：中信出版社，2020.10

书名原文：Falling Felines and Fundamental Physics

ISBN 978-7-5217-2171-3

I. ①下… II. ①格… ②戴… III. ①物理学－普及读物 IV. ①O4-49

中国版本图书馆CIP数据核字（2020）第162494号

下落小猫与基础物理学

著　　者：［美］格雷戈里·J. 格布尔
译　　者：戴一
出版发行：中信出版集团股份有限公司
（北京市朝阳区惠新东街甲4号富盛大厦2座　邮编　100029）
承 印 者：天津市仁浩印刷有限公司

开　　本：880mm × 1230mm　1/32　　印　　张：9.75　　字　　数：195千字
版　　次：2020年10月第1版　　印　　次：2020年10月第1次印刷
京权图字：01-2020-0896
书　　号：ISBN 978-7-5217-2171-3
定　　价：59.00元

谨以此书献给我家的猫咪：

萨沙

佐薇

索菲

饼干

拉斯卡尔

曼达林

多莉

米齐

黛西

霍布斯

西蒙

萨布里纳

毛球

戈尔迪

米洛

下落小猫与基础物理学

FALLING FELINES AND FUNDAMENTAL PHYSICS

目录

CONTENTS

前言 疯狂的猫

公允地说，猫是有点儿疯狂的。作为独自狩猎的捕食者，猫演化出了一种狩猎的本能，哪怕猎物在它们视线之外，它们仍能追踪猎物并预测猎物的行动。这种本能使得猫天生爱玩、有好奇心，也经常给它们带来麻烦，难怪俗话说："好奇心害死猫。"

幸运的是，在漫长的演化中，猫也学会了一陷入危险处境就能轻易脱身的本领。其中最重要的一项本领多年来一直吸引着人们的兴趣，人们给它取了很多名字：猫翻身、猫的翻正反射、猫翻转。这些名字描述的都是这样一个现象：无论猫从高处落下的初始状态如何，它总能以脚着地。即便只从两三英尺[①]的高处落下，猫也能在顷刻间完成翻身。

这是猫的救命技能。我们常说"猫有九条命"，如果从字面上理解这条谚语，猫至少有四条命要归功于翻正反射。我曾参加猫科动物救援组织，并亲自见证了猫的这项能力。有一次我参与救援一只离家

① 1英尺 = 0.304 8米。——译者注（本书脚注若无特殊说明，均为译者注）

出走的家猫，它被困在大树上。我们叫来了一台横式吊车以便接近它，把它从100英尺高处哄下来。猫一跃而下，刚落地就跑了，后来兽医检查发现，它只有轻微的骨裂，很快就治好回家了。

猫似乎知道自己拥有这项能力，喜欢到处炫耀。我的一只猫名叫索菲，它习惯在二楼顶部围栏外侧散步，对所有阻止它的声音爱理不理。有一天我夫人偶然看见索菲不小心掉了下来，前一秒钟还瞥见它爪子抓着木头，后一秒钟它就安然落地了，还好没受伤。好消息是，这次意外发生后，它就不再尝试其他惊险动作了。

这样惊险的下落比比皆是，猫的翻身能力已成为常识。然而少有人知的是，翻正反射涉及极其重要的科学原理，它涉及的物理学、生理学机制，已经吸引、困惑乃至挫败了科学家几百年。尽管这个问题已经基本被解决，但在细节上仍有争议，并持续给现代科技带来灵感。

我第一次遇到落猫问题是2013年撰写博客“星球上的头盖骨”（Skulls in the Stars）[①]的时候，博客内容包括物理学、科技史和各种稀奇古怪的小说。我喜欢浏览年代久远的科幻杂志以寻找感兴趣的写作主题，有一天我偶然看到法国生理学家艾蒂安–朱尔·马雷（Étienne-Jules Marey）1894年拍摄的经典照片——下落的猫，因此写了一篇文章讲马雷和落猫问题的其他早期研究者，题为《猫的翻身：19世纪落猫问题的科学研究热潮》（Cat-Turning: The 19th-Century Scientific Cat-Dropping Craze!）。

---

① Skulls in the Stars也是“剑与魔法派”奇幻文学创始人罗伯特·欧文·霍华德（Robert Ervin Howard）的同名小说，他创造的野蛮人柯南形象在西方家喻户晓。作者的博客内容与这些小说有关，但内容驳杂、无所不包，更多内容可以在博客网站查阅：https://skullsinthestars.com/。

但我并不确定我最初关于猫翻身的解释是否正确，所以我查阅了更多相关书籍，并得到了更多答案。

自现代科学诞生的时候起，落猫问题就吸引了不同学科的科学家。每次一门学科对落猫问题失去兴趣，另一门学科就会发现一些新的东西。

本书从科学和历史学两个维度论述落猫问题，我们将会看到，这一问题在科学和工程领域有着引人注目的悠久甚至荒谬的历史。科学家研究得越深入，他们在毛茸茸的猫咪朋友的这一行为背后收获的惊喜就越多。落猫问题和现代科学、工程技术中一些最重要的领域关系密切，包括摄影技术、神经科学、太空探索和机器人学等，而时到如今，物理学家仍然难以精确解释猫在下落中的行为。

本书包含大量猫的照片。摄影技术在研究落猫问题中起到了重要的作用，所以在本书中我们也将阐述摄影技术是如何发展到现在能够轻易拍摄一只下落的猫的。之后神经科学开始研究下落的猫，并深化了人们对落猫问题的认识。神经科学的研究和载人航天计划直接相关，落猫问题也在其中发挥了重要作用。神经科学和物理学的结合正是机器人学，这一领域的研究者仍在试图让机器复刻猫的翻身能力。在研究过程中，猫给科学界带来了其他一些惊喜，也制造了不少麻烦。

好了，关于猫我们已经讲了很多了，让我们正式开始吧。

免责声明

1974年，彼得·本奇利（Peter Benchley）出版了《大白鲨》（*Jaws*），这本关于杀人无数的大白鲨的小说轰动了世界，在全球卖出了两百多万册。1975年，史蒂文·斯皮尔伯格根据小说拍摄的同名电影上映，创下历史最高票房，直到两年后被《星球大战》超越。

不管本奇利或其他参与电影项目的人有没有预料到这个故事将获得如此大的成功，但下一个10年里对鲨鱼的捕猎也大幅增长，这是人们始料未及的。锤头鲨、虎鲨和大白鲨的数量锐减，严重威胁到物种的生存。彼得·本奇利自己被不法捕鲨行动所震撼，余生致力于鲨鱼保护。2006年2月23日，在接受《洛杉矶时报》采访时，他说："看到目前的状况后，我宁愿从来没有写过那本书。鲨鱼不捕食人类，它们当然不该被人类怨恨。"

我不期望这本关于猫的物理学、历史学图书能取得《大白鲨》般的成功，但看到小说对鲨鱼的影响，我觉得也应该做出以下声明提醒读者：**千万不要故意抛掷你的猫！**

我们将在本书中看到，猫确实具有非凡的能力，可以在下落时翻正它们的身体，但我们不应该亲自证明猫的翻身能力，原因如下：

1. 个别猫可能并不擅长翻身。尽管所有的猫肯定都具有翻正反射能力，但这并不意味着所有猫都熟练掌握这一能力，有些猫下落时会受伤。
2. 猫可能并不喜欢下落。有些猫对于任何无理举动都乐在其中，但并不是所有猫都把下落和翻身视为游戏，有些猫甚至会怨恨抛下它的人。
3. 下落的猫甚至会受到心理创伤。对于任何陆生生物来说，下落都是可怕的体验，大多数家猫都恐惧下落。

对下落的猫进行拍照的历史可以追溯到100多年前，网上有大量的视频可以看到猫下落时的状态。这些视频大部分是慢动作的，观众可以看到猫下落时翻身的细节。

过去150多年来，人们已经以科学的名义对猫做了大量下落的实验，是时候让它们脱离真实的下落，好好休息、享受平静了。

著名物理学家热衷于下落的猫

在19世纪的物理学史中，你可能找不到比詹姆斯·克拉克·麦克斯韦更著名的人物了。1831年，麦克斯韦出生于苏格兰，他于1879年英年早逝的时候，已经在科学和工程学的多个领域做出了重大贡献。他最突出的成就是统一了电和磁这两种数千年来被认为无关的现象，提出了电磁学。19世纪60年代，麦克斯韦在分析了其他物理学家的理论后，得到了一个完整自洽的方程组，这些方程预测，电与磁结合起来会产生一种振荡并向外传播，这就是电磁波。在此基础上，他更进一步，天才地指出，长期以来被认为和电、磁无关的可见光，其本质上就是电磁波。

有人认为，麦克斯韦的发现为近代物理学的一大基本思想奠定了基础，即认为所有已知的物理作用力都能用一个基本作用力统一起来。为了纪念麦克斯韦，他的方程组被命名为麦克斯韦方程组。

麦克斯韦同时也以扔猫闻名。

麦克斯韦的扔猫生涯始于大学期间。1847年，16岁的麦克斯韦进入爱丁堡大学学习。

图 1-1　麦克斯韦夫妇（1869 年）。没有证据表明麦克斯韦是否同样抛掷了图中的狗

图片来源：维基共享资源。

1850年，麦克斯韦转入剑桥大学三一学院学习数学，并研究人类对颜色的感知。作为最杰出的学生之一，毕业后他留在三一学院做了两年研究。在剑桥大学做研究的这两年，麦克斯韦会利用部分空闲时间研究下落的猫为什么总是脚着地。

1870年，麦克斯韦重返剑桥大学，发现在他离开学校的这些年，关于他用猫做实验的故事已经流传开来。在写给他夫人凯瑟琳·玛丽·克拉克·麦克斯韦的信中，麦克斯韦对此进行了说明："三一学院流传着一个传说，说我在三一学院时经常往窗外扔猫，因此发现了一种使得猫不以脚着地的扔法。我只得向他们解释，我的研究目的是为了发现猫翻身能有多快，而研究方法也只是让猫从两英尺的桌上或床上跳下，但这种情况下猫仍是脚着地。”[1]麦克斯韦在信中看起来似乎对凯瑟琳表示抱歉，并让她相信并没有猫受到伤害。尽管他的实验确实挺奇怪，但这件事不到20年就成为传说也足够让人意外。

麦克斯韦并不是那个时代唯一研究落猫问题的著名科学家。大约同一时间，爱尔兰物理学家、数学家乔治·加布里埃尔·斯托克斯（George Gabriel Stokes，1819—1903）也开始了他自己的非正式研究。和他的朋友麦克斯韦一样，斯托克斯从小出类拔萃，于1849年获得了研究者们梦寐以求的卢卡斯数学教授讲席职位，他一直担任此职位直到去世。担任过这一职位的其他人还有研究黑洞的史蒂芬·霍金、量子物理学家保罗·狄拉克、计算机先驱查尔斯·巴贝奇（Charles Babbage）和近代物理学之父艾萨克·牛顿。斯托克斯的成就当然也足以和这些杰出人物并列，在他漫长的研究生涯中，他对数学、流体力学和光学做出了重大贡献。所有数学家和物理学家都知道斯托克斯定理，这一重要定理在物理学的几乎所有分支中都有应用。纳维–斯托克斯方程（简称N–S方程）也以斯托克斯的名字命名，这一重要的数学公式描述了流体的流动（它们的性质至今尚未完全明确）。斯托克斯也发现了荧光现象，即物体在不可见光照射下发光，这一过程把不可见的紫外光转换成了可见光。

科学履历如此雄厚的斯托克斯也对猫为什么落地时总是脚着地进行了一些非正式的研究。他的实验数据没有保留下来，但是在他去世数年后，他的女儿在回忆录中提及了此事。

他和同时期的麦克斯韦教授一样对猫翻身（这个词语描述的

是这一现象：抓住猫的四肢让它背部朝下，松手让它下落，猫将脚着地）感兴趣。他通过检眼镜检查了猫的眼睛，也检查了我的狗“珍珠”的眼睛。但是珍珠对检查眼睛的兴趣不如麦克斯韦的狗，麦克斯韦的狗很喜欢自己被主人检查眼睛。[2]

真是奇怪，两个杰出物理学家都被下落的猫这一寻常的现象所吸引。这两位杰出人物在落猫问题中看到了什么旁人没有注意到的东西吗？他们看到了一个秘密。

长期以来，猫被人们视为用魔法守护秘密的生物。而在落猫问题中，我们将看到这一表述多么精确。

愿意趴在壁炉旁，安静的斯芬克斯，
我工作时的朋友，我放松时的伙伴，
你就是拉的传说，拉美西斯的神话，①
即便他们被遗忘，你仍将永被铭记。
谢谢你温柔的眨眼，
我将在你海绿色眼睛的注视中睡去。[3]

① 拉是古埃及神话的创世神、太阳神，拉美西斯是古埃及最著名的法老，他声称自己是拉的传人，这也是他名字的含义。斯芬克斯最早是古埃及神话中狮身人面的神祇，被修筑在法老墓前用以守卫法老。

落猫问题解决了吗

像麦克斯韦和斯托克斯这样从猫的身体翻转问题中看到有趣和不同寻常东西的人，只是少数。他们同时期的文献表明，大多数人认为这是一个无关紧要的问题，而且早已被解决。然而常见的解释是错误的，这使得近两百年来人们未能对猫翻身能力进行严肃的研究。这一错误解释与作为正式科学的物理学的起源密切相关。

19世纪下半叶，关于猫翻身的解释没有出现在科学期刊上，而是出现在爱猫人士撰写的书籍中。这类图书的大量出现，是为了与常识中对猫的负面看法相对抗。长期以来，出于心理学上对于猫的迷信和愚昧认知，西欧人并不喜欢猫。猫一直被认为是自私、冷血的，丝毫不关心饲养它们的人类，这些看法根深蒂固，有些甚至延续至今。猫，特别是黑猫，成为女巫故事中的标配；大家默许甚至合理化对猫的暴力行为，保护猫的人经常被调侃嘲笑。查尔斯 · H. 罗斯（Charles H. Ross）在1893年出版的《猫之书》（*Book of cats*）的序言中回忆了他的经历。

> 很久以前的一天，我突然意识到我应该写一本关于猫的书。我将这一想法告诉了我的一些朋友，第一位朋友在我刚说出想法时就爆笑不止，所以我没有进一步解释；第二位朋友说已经有上百本关于猫的书了；第三位朋友则说，“没有人会读这样的书”，又补充道：“何况你对于这一主题又了解多少呢？”我还没来得及解释，他又表示，想必我对此问题并不了解多少。一位朋友突发奇想：“为什么不写写狗呢？”另一位朋友则说：“马也可以，猪也挺好，噢对了，下面这个最厉害：‘《驴之书》，作者：它们家族的一员’。”[1]

尽管存在这样的社会偏见，罗斯和很多人依旧将猫视为宠物、朋友和令人着迷的对象。爱猫人士也不会在乎其他人怎么看待他们的著作。威廉·戈登·斯特布尔斯（William Gordon Stables）1840年前后出生于苏格兰班夫郡，一生独自冒险。[2]当他还是阿伯丁马歇尔学院一名19岁的医学生时，他就登上了格陵兰捕鲸船前往北极圈，这只是他旅行的开始。1862年，斯特布尔斯取得了医学博士和外科硕士学位，毕业后被任命为英国皇家海军的外科助理医师，先后在水仙号（驻扎在好望角）和企鹅号（在莫桑比克沿海打击奴隶运输船）服役。在非洲服役若干年后，他又在地中海和英国驻扎了一段时间。1871年，斯特布尔斯因为身体原因退伍，但他的传奇仍在继续：他做了两年商人，从南美洲沿岸一直航行到非洲、印度和南太平洋。1875年，他最终在英格兰特怀福德定居，开始了高产的作家生涯，共出版图书130余册，其中大多数是以自己经历为蓝本的少年冒险故事，另外他还写了大量关于动物和动物护理的书。

今天看来，他最为人熟知的著作应该是他的指南《猫：它们的品质与习性，它们的生活逸事以及疾病》（*Cats: Their Points and Characteristics, with Curiosities of Cat Life, and a Chapter on Feline Ailments*），该书首次出版于1875年前后。这是一本猫的百科全书：包含了关于猫的有趣或恐怖的奇闻逸事，对家猫起源的讨论，关于猫疾病的指南，关于逗猫的建议，关于支持英国反虐猫相关法律的论据等，而与本书更相关的是其中对猫总是脚着地的解释。

> 为什么猫总是脚着地，这个问题不难回答。当猫刚从高处落下时，它会自然地蜷曲成半圆形，背部是最低点，如果它就这样着地，它会因为脊椎断裂而死。当它下落一二英尺时，本能会驱使它突然舒张背部肌肉，伸展四肢，这样腹部凸出，背部下凹，通过改变重心而翻身。这样一来，它只需要以这样的姿势落地，正好就是脚先着地。[3]

这一解释听起来合理，也能满足大多数19世纪人们的好奇心。

想象一只猫前后脚悬挂在两个固定支架上，它看起来就像梳妆台抽屉的铰链式手柄一样，如图2–1（a）所示，它的重心（将猫视为一个整体时，重力所作用的点）将低于支架。当猫如图2–1（b）所示凹起背部时，它的重心将高于支架，这是一个不稳定的状态。一旦它凹起背部，一丝微小的扰动都将使得它的重心回到支架以下，如图2–1（c）所示。这样一来，本来背部着地的猫就翻转过来，变成脚着地了。

斯特布尔斯的解释简洁有力，物理上也似乎可行，可惜是错误的。

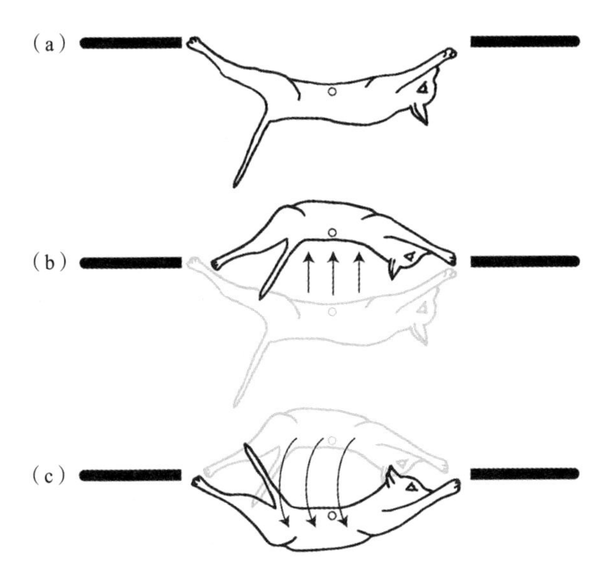

图 2-1 斯特布尔斯描述的猫在下落时的姿势变化，O为重心

图片来源：莎拉 · 阿迪（Sarah Addy）。

只有将猫像图中一样前后脚悬挂在定点的情况下，你才可能移动它的重心高于或低于那些定点。自由落体的猫并不能悬挂在任何东西上，猫身体位置的变化完全不会影响其稳定性。

斯特布尔斯似乎认为他提出的这一解释是显而易见的。他可能一开始是从我们已经提及的物理学家麦克斯韦那儿知道这一点的。1856年，麦克斯韦在马歇尔学院获得自己的首个教授职位，一年后斯特布尔斯开始在那里学习医学。显然两人有交集，年轻的麦克斯韦给斯特布尔斯留下了深刻的印象。在他1895年出版的半自传小说《从田间到讲台：生命抗争的故事》（*From Ploughshare to Pulpit: A Tale of the Battle of Life*）中，斯特布尔斯讲述了一个年轻小伙子从农场到马歇尔学院的故事。在对众多教授的描述中，我们找到了下述描写麦克斯韦的文字，书中甚至没有使用假名。

> 接下来就是可怜的麦克斯韦了，他在科学界闻名遐迩，一头棕色的头发，英俊、体贴又充满智慧。他会在早餐时给他的学生讲科学故事，他总是浅浅微笑而从不哈哈大笑。他在倒茶前总要往杯子里加入半杯美味的奶油，也许这是因为他觉得浓茶对年轻教师的身体不好。可怜的麦克斯韦，他就这样离开了我们，他的去世是世界的巨大损失。[4]

在麦克斯韦对猫翻身产生兴趣之前，其他书籍中就有了对这一现象的类似解释，如M. 巴特尔（M. Battelle）1836年出版的《自然史的第一课：家养动物》（*First Lessons of Natural History: Domestic Animals*）。

> 人们总是会看到这样的情景并感到惊奇——一只猫从高处下落，尽管下落时好像是背部朝下，最终却总是脚着地。对猫而言，从房子的最高处落下并非罕见，但它们下落得如此轻松，以至于它们好像在落地的瞬间就能溜走。这一奇怪效应是因为在下落的时候，这些动物会反弓身体，做出背部复位的动作：这些动作让它们的身体转了半圈，使得它们脚着地，总是能挽救它们的生命。[5]

尽管其中并没有重心的字眼，但这一解释和斯特布尔斯的说法显然是一样的。但是这一说法历史更悠久，在1758年J. F. 迪菲（J. F.

Defieu）出版的物理习题册中已经出现了。

问题94：一只猫从三楼落下，下落的瞬间四脚朝上，为什么它可以毫发无伤地四脚着地？

答：由于害怕的本能，猫会反弓背部、凸出腹部，伸展四肢和头部试图恢复正常的姿势，给了四肢和头部更大的支撑力。在这不同寻常的动作下，重心高于几何中心，但是并不稳定，很快重心下降，使得猫的腹部和头部翻转，脚先着地。因此猫在落地时会最后发现自己是四脚着地，总之，没有更多解释了。[6]

我找到的斯特布尔斯解释的最终来源是1842年出版的法语版《谚语的词源、历史和逸事大全》。书中有这样一句谚语："似乎猫下落时总是脚着地。"[7]这句谚语的条目中给出了猫翻身解释的原始作者——安托万·帕朗（Antoine Parent），这位被大众遗忘的法国数学家在1700年出版了世界上第一本对这一问题给出物理学解释的书籍。

帕朗1666年出生于巴黎，在很小的时候就展示出了数学方面的天赋。3岁时候，他去乡下和他的叔叔安托万·马莱（Antoine Mallet）共同居住。马莱是教区的牧师，不仅是杰出的神学学者，也是有天赋的博物学者。马莱发现小帕朗对数学充满好奇心，所以给他搜罗了所有能找到的数学书。帕朗如饥似渴地阅读了这些书，并且独立证明了多条数学定理。13岁的时候，他就已在大量的书中写满了注释和评论。

没过多久，他去给在沙特尔教修辞学的一位家人的朋友做学徒。这位老师家中有一个展示为何地球上不同地方的日晷设计会不一样的模型，它是一个正十二面体，每一面都有一个日晷，表明在地球上的对应位置日晷应当怎样设计。帕朗被这个日晷精妙的设计迷住了，试图自行推导背后的数学原理，但失败了（对于一个14岁的男孩而言，这也是意料之中的事）。他的老师告诉他，日晷是根据地球的球面几何构造的，这个名词把他吓到了，因此他开始着手写作自己制作日晷的方法。

尽管帕朗对数学充满热情，但他也遇到了很多艺术家和科学家都经历过的事情：朋友们劝说他去巴黎接受律师的训练，毕竟做律师是一个比研究数学更赚钱的职业（无论过去还是现在）。然而，他一获得法学学位，就躲在巴黎多尔芒-博韦学院的住所里闭门不出，尽管收入不多，他仍专注于自己的数学学习。他唯一的出行是去巴黎皇家学院与杰出学者交流、听他们讲课，这些学者中就有研究几何学和声学的数学家约瑟夫·索弗尔（Joseph Sauveur）。

帕朗是个有进取心的人，而法国与西欧国家联盟爆发的九年战争刚好给了他通过教书提高收入的机会。因为战争需要大量懂得数学和军事工程的士兵，而帕朗可以教授学生如何建造防御工事。这方面他并无亲身经验，毫无疑问他就这一主题从老书中吸收了很多知识，其中就包括让·埃拉尔（Jean Errard）1600年出版的《防御工事的演示和模型制作》（*La Fortification Démonstrée et Réduicte en Art*）。[8]

对于教授他并无实践经验的科目，一开始帕朗也心存顾虑。他把自己的担忧告诉了索弗尔，索弗尔给他推荐了一份工作。帕朗因此被引荐给了阿利格尔侯爵（Marquis d'Aligre），阿利格尔侯爵是参加九年战争的一位贵族领袖，他非常需要数学家的帮助。帕朗在阿利格尔手下经历了两场战役，也因此获得了优秀的科学家、数学家和思想家的美誉。

1699年，帕朗因名获利。这一年，数学家吉勒·菲约·德比耶特

（Gilles Filleau des Billettes）作为机械专家进入巴黎皇家科学院，他极力举荐帕朗作为自己的弟子。自此帕朗的学术地位逐渐稳固，在不同学科都有所建树，包括解剖学、植物学、化学、数学和物理学。但他与生俱来的热情和随心所欲的天性却妨碍了他的事业。

> 但知识的跨度、天生的热情和急躁的脾气导致他性格中充满矛盾，他在任何场合都放荡不羁，经常不重礼节，有时急躁到广受责备的地步，因此他的论文也经常被同行严厉苛责。他的作品是出了名地晦涩难懂，他自己也知道，但就是难以改正。

上文是从一本1795年出版的数学词典中摘选的片段，原片段翻译自帕朗死后他在巴黎皇家科学院的同事为纪念他而作的文章。[9]看来，他的性格讨厌到了让他的同事们要写在纪念文章中流传后世的程度。

即便如此，帕朗仍定期向科学院汇报他的成果，直到他去世。这些成果大部分刊登在学院期刊《皇家科学院院史》上，其中就有关于落猫问题的最早解释。这一错误的解释出版于1700年，流传了差不多两百年。文章题为《物体在水中“游泳”的物理学分析》。[10]只看标题，这篇文章似乎与落猫的物理学原理完全无关，但是别被它看起来的样子所欺骗，何况这是帕朗这么一个怪人的作品。

帕朗的论文主要论述的是被淹没的物体受到的浮力。公元前250年，古希腊哲学家、数学家阿基米德首先发现浸在水中物体的浮力等于物体排开水的重力。任何浸没在水中的物体都受两个力作用：向下的重力和向上的浮力。如果重力大于浮力，物体就下沉；如果重心小于浮力，物体就会漂浮在水面。

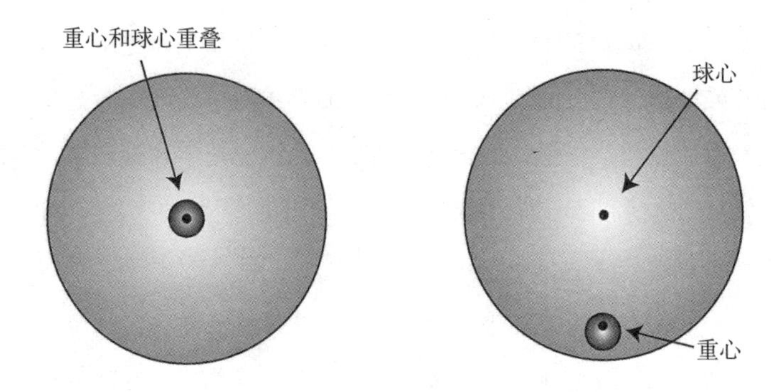

图 2–2 悬浮球体的动力学分析

图片来源：作者绘制。

水池中水的密度随深度增加，意味着在越深的地方，同样体积的水的重量越大。一个木球比等体积的水池表面的水还要轻，因此木球会上浮直至漂浮在水面；而一个铅球的重量比等体积的池底的水还要重，因此铅球会沉在水底。如果制作一个中间有个小小的铅心、外面是木球壳的物体，如上图左部所示，通过调整铅心的大小，可能可以让这个复合物体悬浮在水下，用帕朗的话说是在“游泳”。

再设想，如果这个复合物体不是对称的，铅心不在木球壳的球心，如上图右边所示，这时复合物体的重心就不在球心的位置了，而是更靠近铅心。这样一个复合物体会和之前那个复合物体一样悬浮在水中吗？

意大利物理学家乔瓦尼·阿方索·博雷利（Giovanni Alfonso Borelli）几十年前已经研究了这一问题，刊登在1685年出版的两卷本的《动物的运动》（*De Motu Animalium*）中。博雷利对运用数学和物理学研究动物的各种运动及肌肉组成很感兴趣。基于在这一领域的重要发现以及关于动物可以被视为复杂机器的观点，今天博雷利被视作生物力学之父。

博雷利之所以研究水中球体的问题，是想弄清楚动物如何在水中运动。博雷利认为，如果把上述重量分布不对称的球体以铅心部分朝上的状态放入水中，它将先下沉，到达浮力和重力平衡的点，然后球体将绕着球心旋转，直到重心（铅心）到达最低点。

帕朗则认为这一过程会更复杂，他的物理学知识比博雷利更丰富，可以支撑他的观点。牛顿的杰作《自然哲学的数学原理》（以下简称《原理》）出版于1687年，比博雷利的著作晚两年，书中首次提出了一个计算大质量物体的运动的完整的数学理论。受牛顿这本书的启发，帕朗注意到重力和浮力可以作用于球体上不同的点。浮力作用于球体的几何中心（球心），而重力作用于重心（铅心）。帕朗认为，因为力作用于不同位置，球体将围绕球心和重心之间的某个位置旋转。这个过程将发生在球体下沉到平衡位置的途中。

这个边旋转边下沉的物体似乎和下落的猫很相似，而帕朗显然认为两者本质上是一样的。在数学证明之后，他写下了以下文字：

> 猫和其他类似的动物（如貂、臭鼬、狐狸和老虎等）从高处掉下时经常是脚朝上、四肢高于躯体，本应该是头着地，但它们落地时却总能调整到脚着地。在空中由于没有着力点，它们肯定无法翻转自身。但是害怕的本能使得它们凹起背部，使身体中心上升，同时伸展它们的头和四肢，仿佛要去够它们掉落前所在的地方，这样又增大了头和四肢的力矩。因为重心和几何中心不一致，重心更高，根据M. 帕朗的证明，这些动物在空中必然会旋转180°，使得脚朝下，这就救了它们一命。在对这类过程的描述上，最精湛的力学知识也不会比混乱、盲目的诗歌更好。

物理学家解决问题时习惯过于简化，使得问题面目全非，这一特点广为人所诟病。物理系学生之间流传很久的一个笑话是关于奶牛建模的：“现在为了简化问题，我们认为这只奶牛是球形的。”帕朗在论文中几乎就是这么做的，他将下落的猫视为悬浮的球体。

帕朗的论证就是落猫问题的最早解释，至少是斯特布尔斯解释的来源，在之后150年里被其他爱猫人士多次引用复述：猫凹起背部，使得它的重心高于旋转中心，完成翻身。斯特布尔斯对于猫的旋转中心在哪里含糊其词，但在帕朗的原始论文中，他提出猫是围绕所谓的悬浮中心旋转的。

然而，这个论证是不正确的。空气当然有浮力，比如松开氦气球它们会飘起来。但是对于动物和人而言，浮力相较于重力而言可忽略不计，我们在日常生活中是不可能飘起来的。如果要通过浮力使得猫在瞬间翻身，重力和浮力应该大致相当。

不过，有意思的是帕朗的方法在某种程度上适用于下落的人，但引起翻身的向上的力不是浮力，而是空气阻力。下落速度很快的跳伞员会受到一个很大的向上的空气阻力，最终，当空气阻力和重力达到平衡时，下落速度达到终极速度。跳伞员的稳定下落姿势是腹部朝地，背部蜷曲，身体重心位于最低点。如果跳伞员自由下落时不小心是背部向下，训练有素的反应是凹起背部，像帕朗论证的猫那样，这样跳伞员能迅速翻身以便腹部朝地。[11]

帕朗在学术上一直非常高产，出版了大量书籍和论文，直到1716年因天花去世。他去世后，他关于落猫问题的解释仍然流传了很久，事实上，这一解释比他更为人熟知。

回溯了1700年关于落猫问题的研究缘起，我们自然会问，在帕朗之前是否有人提出过对落猫问题的解释。显然很久之前人们就注意到了猫这一神奇的能力，应该会有人对猫怎么能保证脚着地感到好奇。

至少有一位更早的科学家、哲学家研究了这一问题，但是他的动机和后来的研究者大不相同。大家都知道科学家、哲学家勒内·笛卡儿（1596—1650）提出了“我思故我在”，这是早期关于人类存在的本体论论述：“我怎么知道事物真实存在？因为我有能力思考、提出这一问题，所以至少**我**是存在的。”

笛卡儿是自然哲学和数学的先驱，尽管他的科学不可避免地和他的宗教信仰息息相关。17世纪30年代，笛卡儿在写作《世界》（*La Monde*，这是对他的自然哲学的首套完整论述）时，同时也沉迷于研究动物是否有灵魂的问题。在他写作这本书的莱顿市，有一个传说是笛卡儿从一楼窗户扔出了一只猫，以便观察猫是否会害怕，因为在他看来只有有灵魂的生物才会感到害怕。[12]

这个传说听起来煞有其事、令人不安，因为与此同时，笛卡儿还进行了大量令人毛骨悚然的动物活体解剖实验，同样是为了观察动物是否和人一样具有感觉和情感。显然，笛卡儿的观点是它们没有。将一只猫扔出窗外或许是他做的最不残忍的事，因为猫的翻正反射能保证它安全落地，或许这只猫被扔出窗外后，能找到一个更合适的家。

我们还能找到更早的关于下落的猫的观察，尽管并非是科学方面的。在1572年出版的《军事器械》（*Workes of Armorie*）中，作者约翰·博斯韦尔（John Bossewell）对不同家族的盾徽进行了分类，大部分盾徽都是以动物为基础，动物的能力被视为家族的精神。关于猫类，博斯韦尔写道：“它是残忍的野兽，它从高处跳下后总是脚着地，而且毫发无损。”[13]显然猫翻身的能力得到了纹章的高度认可。

The field is of the Saphire,
on a chiefe Pearle, a Muſion,
or Catte, Gardant, Ermines.
This beaſte is called a Muſi-
on, for that he is enimie to
Myſe, and Rattes. And he is
called a Catte of the Greekes,
becauſe he is ſlye, and wittie:
& for that he ſeeth ſo ſharpely,
that he ouercommeth darknes
of the nighte, by the ſhyninge
lyghte of his eyne. In ſhape of
body

图 2-3　关于“古希腊猫”的盾徽和部分描述

图片来源：《军事器械》，原书第F56页。

另一个关于猫翻身能力的非科学性解释，可能比博斯韦尔的纹章更早。这是一个关于伊斯兰教创始人先知穆罕默德（570—632）的故事。如果它距离穆罕默德同时代不远，它将是关于猫翻身的最早描述。

这个故事的一个版本如下：

先知穆罕默德有一天深入荒原，长途跋涉之后疲劳来袭，陷入沉睡。一条大蛇（这撒旦之子该被诅咒！）从灌木中钻出，逐渐靠近安拉的使者穆罕默德，就在蛇将咬穆罕默德时，一只猫突然出现，跳上蛇身，经过长时间的搏斗终于杀死了蛇。蛇临死前的嘶嘶声惊醒了穆罕默德，他意识到是猫救了他。

“过来！”安拉的使者命令道。

猫走近穆罕默德，他轻抚了猫三次，祝福了它三次：“祝你平安。”为了进一步表示感谢，穆罕默德接着说：“为了回报你，你将战无不胜。没有任何生物能将你翻转过来。去吧，你已经接受了我的三次祝福。”

正是因为猫受到穆罕默德的祝福，它才获得了无论从多高下落都将脚着地的能力。

这一版本出现在1891年的《土耳其女性及其民间传说》（*The Women of Turkey and Their Folk-Lore*）中，作者是英国民俗学研究者露西·玛丽·简·加尼特（Lucy Mary Jane Garnett）。[14]该书参考了1889年法语版的世界口述民间故事，这个故事来自一个52岁的神学学生。在英文世界无法进一步追溯这个故事的更早版本，所以无法确定它的历史。

无论如何，不可否认的是，从穆罕默德直到今天，一直以来，伊斯兰世界对猫的态度都比西方世界更友好，虽然如今穆斯林对猫的敬重可能少了那么一些。[15]一个生动的例子来自斯特布尔斯，他在关于猫的书中记载了他的旅行经历：

我正在向绅士解释前一天晚上没有休息的原因，原因是太阳落山后我发现自己在亚丁城靠近沙漠的门口。同时我发现自己被一群奇奇怪怪、服饰各异、气势汹汹的人包围了。

……

我已经武装到牙齿了，我的意思是除了舌头，我没有其他保护自己的武器。一种不安的情绪涌上心头，似乎有什么东西勒紧了我的脖子。

……

在这群阿拉伯人中，有一个人引起了我的特别注意。他看起来年纪很大了，胡须和头巾、礼袍一样雪白，庄严得犹如多雷（Dore）①笔下的族长。他用洪亮的声音、高贵的语言朗读膝头的图书，一只优雅的长毛猫蜷曲在他一只手的臂弯中。我在他身旁坐下，虽然他看我的第一眼充满恶意，似乎对我的闯入感到不满，但当我开始抚摸并赞赏他的猫时，他对我露出了女性般温柔的微笑。类似的故事全世界都在发生，只要赞美一个人的宠物，他就愿意为你做任何事：为你而战，甚至借钱给你。那个阿拉伯人把他的晚餐分了一部分给我。

"噢，我的孩子，"他说，"我爱我的猫胜过我的财物，胜过我的马匹。它让我感觉开心，它比烟草更能抚慰我。全能的安拉啊，当我们的祖先独自进入荒漠时，安拉给予他们两个朋友以陪伴、愉悦他们——一个是狗，一个是猫。在猫身上，他赋予了温柔的女性气质；在狗身上，他赋予了勇敢的男性气质。这是真的，我的孩子，书里就是这么写的。"[16]

是的，在我们的历史学调查中，我们兜了一个圈，又回到了斯特布尔斯身上。帕朗首先给出了落猫问题的物理学解释，这个解释尽管并不正确，却延续了近200年。麦克斯韦和斯托克斯认为其中还有一些有意思的地方值得研究，但由于人类视觉的局限，他们没能更进一步。设想一只猫从两英尺高处下落，如（我们设想的）麦克斯韦所言，它能在三分之一秒内翻身。这对于人类眼睛而言实在太快了，人类还

① 应指古斯塔夫·多雷（Gustave Doré，1832—1883），以《圣经》绘画闻名于世。

没来得及分辨，猫就已经完成了下落中的翻身。

幸运的是，在麦克斯韦和斯托克斯对下落的猫困惑不解的同时，一项新的技术诞生了，这令研究者得以对猫自由落体时的细节进行研究。然而，对于我们提到的落猫问题而言，这一技术发现的问题远比它能解答的更多。

奔跑的马

艺术家经常用绘画来记录历史，将艺术家自身的观察描绘下来流传于世。有时候完成的作品捕捉到的历史远比艺术家想表现的内容多得多，甚至超出想象。

在卢浮宫数不尽的艺术品中有一幅泰奥多尔·席里柯（Théodore Géricault）1821年的画作《埃普瑟姆赛马会》（*The Epsom Derby*）。席里柯作为艺术上的浪漫主义先锋被今天的人们所熟知，所谓浪漫主义侧重强调情感，赞美过去和自然事物。席里柯最出名的浪漫主义画作是《梅杜萨之筏》（*The Raft of the Medusa*），创作于1818年至1819年间，展示了法国海军护卫舰梅杜萨号漂泊在无情的大海上垂死的绝望，是对1816年梅杜萨号惨案的艺术加工，画作一经发布就引起了激烈讨论。《埃普瑟姆赛马会》画于《梅杜萨之筏》若干年之后，色调却截然相反：画作描绘了一场赛马会中的4匹赛马，骑手正鞭策它们争夺胜利。

从现代角度看，这幅画有点儿奇怪，尽管观众可能要思考一会儿才能意识到它奇怪在哪里。4匹马几乎是一样的姿势，表明它们奔跑的步调一致，而伸展的四肢让它们看起来好像飘浮在空中。马的后肢向后高高抬起，前肢也向前高举。今天我们中的绝大多数都有一种直觉，马不是这样奔跑的。

图 3–1　泰奥多尔·席里柯《埃普瑟姆赛马会》，1821 年

图片来源：维基共享资源/约克计划。

席里柯不是唯一这样描绘马的艺术家，这种姿势是19世纪画家的标准画法，被称为“飞腾马”（flying gallop），类似的描绘可以追溯到几千年前。历史上另一种描绘马的典型姿势是跳跃起来的马，前脚抬起后脚着地。

艺术家采取这种画法不是因为缺乏天赋，而是由于眼睛的限制。奔驰的马匹在不到一秒的时间内就能走完一步，这个速度太快了，人眼无法捕捉到，就像麦克斯韦和斯托克斯捕捉不到猫的翻身一样。由于对运动的马缺乏认识，艺术家只好拿其他已知动物的运动进行类比。在20世纪初出版的《飞腾马的问题》（*The Problem of the Galloping Horse*）中，雷·兰克斯特爵士（Sir Ray Lankester）认为前人是通过观察狗来描绘飞腾的马的。[1]狗跑起来比马要慢很多，而且它们的身形也小得多，人们能清楚地观察到它们奔跑时的全身，其中有一个姿态被认为是飞腾马的灵感来源。

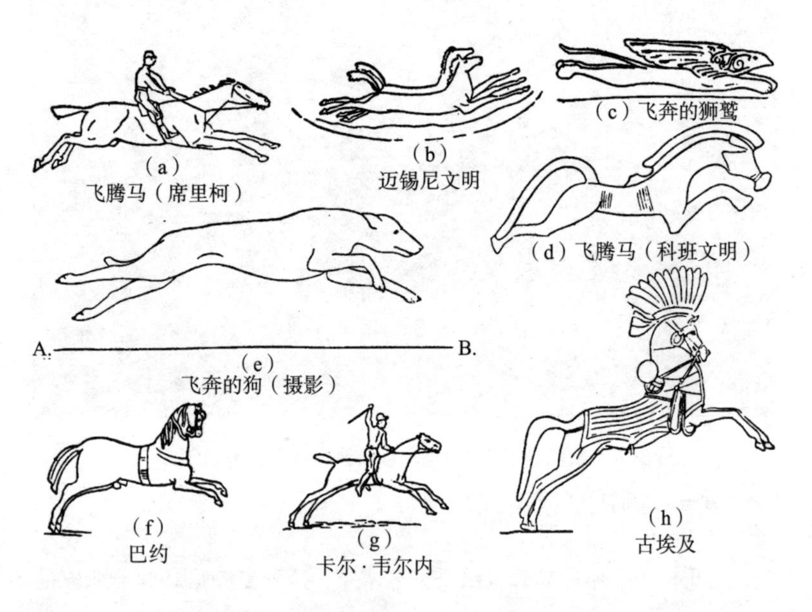

图 3–2　雷·兰克斯特《飞腾马的问题》图Ⅱ，比较了历史上飞腾马的艺术表现形式和狗奔跑的步态，其中迈锡尼文明的图案来自大约公元前 1800 年的一把匕首

图片来源：《飞腾马的问题》第57页。

长期以来，对动物运动的研究一直受限于人眼能识别的速度。直到19世纪中期，情况才开始发生变化，当时化学和光学成了科学、技术和摄影艺术的一部分，使得人们可以解答很多问题，同时又引出了许多新问题。这一新进展表明，马的奔跑和猫的下落比以往人们想的更为复杂。

早在19世纪之前，摄影技术发展的关键因素已经存在了，其中之一是暗箱（或暗室）。一个密不透光的盒子或者房间，在壁上凿个小孔，光穿过小孔在内壁上形成清晰的倒像。这一不同寻常的成像方式陆陆续续被人多次发现又遗忘，至少有两千年历史了，最早的相关描述来自中国的哲学家、思想家墨子（约公元前400年）。

原文：景，光之人煦若射。下者之人也高，高者之人也下。足敝下光，故成景于上；首敝上光，故成景于下。在远近有端，与于光，故景库内也。

解释：光线照人，就像射箭一样，从下端射入小孔的光线到达壁上后位于上方，从上端射入小孔的光线到达壁上后位于下方。脚遮住下方的光形成的像在上方，头遮住上方的光形成的像在下方。在物的远处或近处有一小孔，用光照射物体，故影倒立于内壁上。[2]

换句话说，盒子外的光如果从高处穿过小孔，到达的是像的低处，反之亦然。其他还有许多学者认识到并研究了暗箱原理，包括古希腊哲学家亚里士多德（公元前384—公元前322），阿拉伯学者伊本·海赛姆（Ibn-al-Haytham，965—1039）和意大利博学大师列奥纳多·达·芬奇（1452—1519）。

尽管暗箱的历史悠久，但是直到16世纪晚期这一技术才因为意大利学者乔万尼·巴蒂斯塔·德拉波尔塔（Giovanni Battista della Porta，1535—1615）流行起来。他在1558年出版的《自然魔法》（*Natural Magic*）中详细记载了暗箱成像的性质以及在暗室观察成像的最佳方法。[3]这本书吸引了大众关注暗箱技术，让这一技术在未来几个世纪中盛行。暗箱技术首先被视为一种消遣手段，一种在暗室中显影的“魔法”，但艺术家同时看到了它在景物素描方面的应用潜力。例如在1823年的《技术词典》（*Dictionnaire Technologique*）中，我们能找到以下描述：“暗室①被频繁使用，不仅是因为它可以产生大量各种各样、生动有趣的画面，让人能通过暗室的窗户发现美丽的景致，还让人可以迅速将景色描绘下来，否则人们要花费大量时间才能画到如此逼真的地步。”[4]

在此基础上，用暗室作画的人自然而然就会开始设想，有没有办法不需要艺术家介入，就能自动将图画记录下来？

化学是使这一梦想成为现实的关键因素。化学家很早就知道一些材料在光照下会迅速产生化学反应并改变颜色，有的变白，有的变黑。1717年德国科学家、物理学家约翰·海因里希·舒尔策（Johann Heinrich Schulze）发现把白垩、硝酸和银混合在一起形成的混合物在光照下会变黑，他用这个反应来捉弄他的朋友：将混合物倒入瓶中，瓶外裹一层纸板，用刀在纸板上刻出镂空的字迹。曝光之后在刻字的地方混合物会变黑，显现出字的形状，但只要轻轻搅拌，显影又会消失。[5]然而，除了娱乐之外，舒尔策并没有用这一反应做别的事情。

之后，又有一些人跟随舒尔策的脚步，记录了如何通过适当的漏

① 英语中的“相机”（camera）一词其实是拉丁语camera obscura（黑暗的房间）的缩写。

字板让某些化学混合物显影。不过这类显影并不能算“摄影”，因为这些方法并没有利用化学过程忠实再现人眼看见的场景。暗箱和化学碰撞出火花，要到19世纪初才由一位杰出的法国发明家在其兄长的大力协助下得以实现。

约瑟夫–尼塞福尔·涅普斯（Joseph-Nicéphore Niépce）1765年出生于法国东部的索恩河畔沙隆，家庭富有且博学。由于家庭财富，几个世纪以来他的家族拥有很高的社会地位，他的父亲是一个成功的律师。尼塞福尔因此得以自由发展自己的好奇心和数学天赋，比他约大两岁的哥哥克劳德（Claude）同样极具天赋。他俩接受了良好的教育，据说他们还在课余时间制作了各种小型木质机器。尼塞福尔从小就想成为一名牧师，并在完成学业之后任教于一所天主教学院。

担任教职可能标志着他作为发明家生涯的结束，但是1789年法国大革命爆发却使他走上了一条不同的道路。尼塞福尔所属的教会阶层在大革命初期遭受打击，他被迫离开家乡。他作为步兵加入军队，服役几年之后因病退役。休养期间，尼塞福尔和照料他的阿涅丝·罗梅罗（Agnes Romero）相爱并很快结婚了。他们最终定居在法国东南部大城市尼斯附近的小村庄圣洛克，1795年他们有了儿子伊西多尔（Isidore）。克劳德在大革命时期做了船员，之后几乎同时和他们一起定居圣洛克。

显然这对喜欢折腾的兄弟并不适合安静平稳的生活，他们开始了大量工程项目，这些工作开始于圣洛克，但在1801年大革命结束时，他们又回归了索恩河畔沙隆的大家庭，回去后他们的工作并没有停止。他们第一项引人注意的发明完成于1807年，这绝对是一项超前的发明：这台被称为火风机（Pyréolophore）的内燃机虽然原始但运作良好，比第一款投入生产的汽车早了近80年。

由于大革命的影响，涅普斯家族的财富大幅缩水，所以兄弟俩的工作不仅仅出于好奇，更出于经济需求。他们通过为政府研究纺织品积累了口碑和官方赞誉。但在石版画被引入法国之后，他们的兴趣就命中注定一般地转向了摄影。石版画就是在石头上画画：将图案粘贴到石头上，这些图案就可以无数次复制到纸上。

在石版画诞生早期，艺术家在平坦的石头上用油脂性材料作画，之后将整个石板用弱酸和阿拉伯胶浸泡，胶会自然覆盖没有油脂的区域，有油脂的地方则不会覆盖胶。给板上墨时，只有之前被油脂保护的区域才能着墨。这样一来，石板就能用于印刷图像，它能重复着墨，印刷数百次。

石版画给印刷带来的革命是印刷机诞生以来前所未见的。书籍报刊的插画从此可以像雕版文字一样可以轻易大量生产印刷。这一技术是1796年由德国作家、演员阿洛伊斯·泽内费尔德（Alois Senefelder）发明的，但直到1813年前后才开始在法国流行开来，当时的法国知识分子和富人全都着迷于此项实验。涅普斯兄弟和尼塞福尔的儿子伊西多尔也加入了这波热潮，设计出了很多可以通过石头来表现的艺术品。

似乎是伊西多尔的入伍参军促使了涅普斯兄弟俩开始下一阶段的研究。伊西多尔原本负责图案的创作，他离开后，尼塞福尔和克劳德开始研究是否能够直接从大自然中取景。兄弟俩运用自己的化学知识通过实验来寻找感光材料，以实现在暗箱中记录图画的设想。到1816年，他们已经可以实现大致的成像了，使用的正是一个世纪前舒尔策用来捉弄朋友的银化合物。但是成像容易，如何令图像长期保存才是真正的挑战。如果不通过进一步的化学处理阻止光敏反应继续发生，所有图像在光照下都会最终分解。兄弟俩又花了数年时间来寻找“固定”图像的方法。

最终，尼塞福尔不得不独自完成这一工作。1816年，克劳德离开沙隆前往巴黎，之后又去了伦敦，为他们另一个杰作火风机寻找赞助商。尽管兄弟俩定期通信汇报各自的进展，但尼塞福尔在图像研究方面起了主要作用。到1820年他至少已经发现了一种适合成像并能保存的物质。犹太沥青，或称叙利亚沥青同样被用于石版画，在光照下沥青化学性质发生变化，不再溶于石油。这种沥青底片放在玻璃上接受光照，在光照强的地方会变硬，在暗的地方仍可保持柔软，可以用石油将暗区域的沥青洗去，这样就能形成虽然粗糙但能长期保持的图像。涅普斯兄弟将用这种方法形成的图像称为日光胶版画（heliograph），毕竟摄影（photograph）一词要到很久之后才出现。

图 3-3　尼塞福尔现存最早的日光胶版画《在乐加斯的窗外景色》（*View from the Window at Le Gras*，约 1826 至 1827 年间）。对比度已经由赫尔穆特 · 格尔斯海姆（Helmut Gersheim）调整增强过

现存最早的日光胶版画可以追溯到1826年，而且和大多数尼塞福尔的图片一样，都是他家窗户外的景色。虽然我们看到的这张图片已经经过了增强处理，我们仍能看到早期技术发展的局限。图像有很多纹理，光暗对比太强烈。曝光时间需要至少8小时，甚至长达一整天，自然没有办法拍摄到任何活动的东西，比如下落的猫。

历史学家乔治·波托尼耶（George Potoniėe）认为现代意义上的摄影一词可以追溯到1822年，[6]这一年，尼塞福尔改进了他的工艺，使得暗箱里的化学成像可以长期保存。之后几年里他继续独自秘密地改进技术，在和克劳德通信时都故意写得含糊不清，以防信件途中被人偷窥。

但在1826年一场命运般的会面上，关于这一发明的消息不胫而走。尼塞福尔曾拜托他的亲戚上校洛朗·涅普斯（Laurent Niépce）在经过巴黎的时候，帮忙在著名的舍瓦利耶家族的商店里买一个新的暗箱。这位上校向舍瓦利耶家族成员夸耀了尼塞福尔的工作，甚至展示了一幅日光胶版画。吃惊的店主想起他们的一位主顾艺术家路易·达盖尔（Louis Daguerre）一年多来一直在试图完善类似的过程。舍瓦利耶家族成员立即将对话告知了达盖尔，达盖尔写信给尼塞福尔，想要探讨其方法的科学原理。多疑的尼塞福尔根本没回第一封信，当1827年第二封信送达时，两人开始了谨慎的通信。

达盖尔的出身背景和涅普斯兄弟完全不同，他是当地法警的儿子，1787年出生于一个名叫科尔梅耶–昂帕里西的小村庄。他出身工人阶级，没有机会接受良好的教育，但是他在很年轻的时候就展现了绘画的天赋，而且具有克服生活中种种困难的活力和决心。为了发挥他的艺术天赋，达盖尔的父母安排他跟着奥尔良一位建筑师工作。他在那个职位上积累的能力使得他得到了一个前往巴黎与一位有名的画家共事的机会，这位画家是为歌剧画布景的，达盖尔很快从学徒成长为独当一面的装修负责人。他最突出的成就之一是巧妙地部分采用视错觉提高剧院的光照效果，这也有助于他将来的暗箱工作。

1822年，雄心勃勃的达盖尔与另一位画家夏尔·马里·布东（Charles Marie Bouton）创造了一种名为透视画（Diorama）的新型戏剧体验。在现代，“diorama”一词可以表示任何一种三维布景，而达盖尔和布东的透视画尝试在封闭的剧院里绘制巨大、逼真的户外景色。寻常的近景物体与巧妙绘制的中景和背景绘画和谐地结合在一起，制造出仿佛处于广阔空间的视错觉。达盖尔运用他的光影经验展示了日夜交替和天气变换。透视画的成果让达盖尔名利双收，很快他就买断了合伙人的生意，开始自己独立运作。

据达盖尔自己陈述，他正是在透视画的工作中获得了今天所谓摄影技术的灵感。在1823年的夏天，他在绘制一幅透视画时注意到，一棵树的影像倒映在了他的画上。这个像是通过百叶窗的小孔形成的，他的画室就是一个偶然形成的暗室。第二天，当达盖尔继续工作时，他发现树的影像仍然保留在画布上，阴差阳错地就成了第一幅摄影作品！他开始尝试重现这一场景，但一开始总是失败，直到他想起自己曾将碘加入画布的颜料中。从此，达盖尔开始利用碘基化合物记录图像。

历史学家波托尼耶认为这一故事很值得怀疑，因为它是由达盖尔的朋友二手转述的，达盖尔之所以开始探索摄影，可能仅仅是因为他用暗室画过画。无论如何，到1827年，达盖尔已经沉迷于此，甚至甘愿用自己的婚姻和财富来冒险。法国化学家让-巴蒂斯特·杜马（Jean-

Baptiste Dumas）回忆如下。

> 1827年时我还年轻，有一天有人告诉我达盖尔太太想与我交谈。她很担心丈夫会失败，于是向我咨询了一些她丈夫的研究。她毫不掩饰自己的担忧，问我她丈夫是否有可能实现自己的梦想，并含蓄地问我有没有什么办法让他相信自己不可能成功，从而放弃研究。[7]

她的担忧不是空穴来风。在1827年末，尼塞福尔和阿涅丝前往伦敦看望兄长克劳德，克劳德因为肩负替火风机找赞助商的巨大压力，健康状况受到严重影响。1828年年初，尼塞福尔返回法国没多久，克劳德就去世了。但是在去伦敦途中，尼塞福尔和阿涅丝拜访了在巴黎的达盖尔。克劳德四处奔走和日光胶版画研究的巨额花销已经使得涅普斯家族面临经济危机，和富有的达盖尔结盟看起来是一个合适的选择。1828年，尼塞福尔已经63岁了，他的精力和能力已经无法支持他独自进行艰苦的实验。经过两年多的通信，1829年12月14日达盖尔和涅普斯家族签署了合作协议。几年后的1833年，尼塞福尔去世，其子伊西多尔接手继续合作。

达盖尔花费了数年时间来研发真正可行的摄影技术。1835年，他发现一种在镀银金属上成像的可行方法：用碘成像、用水银定影。1839年达盖尔获利颇丰的透视画失火，让他遭受巨大损失，他因此打算将摄影技术方面的研究成果公之于众。这年6月14日，法国政府与涅普斯家族及达盖尔签署合作协议，购买他们的这一成果，作为交换，政府将承担他们终生的养老金，即便他们死后他们的遗孀仍能继承。

这一成像技术以银版照相法之名公之于世，并很快在世界引起轰动。

在银版照相技术公布后不久的时间里，涅普斯家族在该技术发展过程中所扮演的角色是被打压和被忽视的。1835年，达盖尔可以说是强迫陷入经济危机的伊西多尔·涅普斯接受了新的合作方案，完全抹去了涅普斯的名字，所以银版照相技术的英文名（来自法文名）是以达盖尔（Daguerre）命名的“Daguerreotype”，而非“Niépce-Daguerreotype”。法国政府和科学界在将这一技术介绍给世界时，不免就削弱了涅普斯家族的贡献。法国内政部长从物理学家（也是达盖尔的朋友）弗朗索瓦·阿拉戈（Francois Arago）那里了解了这一技术被发明的过程，在1830年发表了如下声明：

> 尼塞福尔发明了一种能长期保持成像的技术，尽管他解决了这一难题，但是他的技术还不够完善。他的技术只能拍摄物体的轮廓，而且至少需要12小时曝光。达盖尔并没有沿袭涅普斯他们的经验，而是另辟蹊径，才取得了我们今天看到的令人称赞的结果……达盖尔的方法是他自己的，只属于他个人，和他前辈的方法从头到尾都不一样。[8]

而这对涅普斯而言并不公平，没有他们最初的工作，达盖尔可能永远找不到正确的方法。涅普斯家族是照相技术和内燃机的先驱，这两项技术改变了世界，但是他们从中并没有得到应得的名誉或财富，这真是太不幸了。

银版照相法只需要几分钟就能拍摄照片，相较涅普斯的需要数小时甚至数天的日光胶版画而言是长足的进步。但这对于拍摄生物而言仍然太慢，特别是拍摄正在高速运动的生物。现存的一张达盖尔拍摄的照片是1839年的，展示的是巴黎的庙宇大街，诡异的是它摄于中午但街道几乎空无一人，仿佛这是一座鬼城。这是已知最早的人物偷拍，不管怎样，在左前方能看到一个人亮闪闪的皮鞋，他碰巧在那排树的尽头站了足够长的时间，因而被拍了进来。

图 3-4 达盖尔《巴黎庙宇大街》，1839 年

图片来源：维基共享资源。

达盖尔的技术公开后，在热情的科学家和企业家推动下，照相技术发展迅速。短短几年之后，照相所需时间就从几分钟缩短到了几秒钟、零点几秒钟。差不多同一时期，人们开始利用银版照相法拍摄他们心爱的猫咪。哈佛大学霍顿图书馆保存的两张照片可能是现存最早的猫照片，图3-5是其中之一，摄于1840年至1860年间。同庙宇大街那张照片一样，只有静止的物体能形成清晰的像，而猫正在吃东西，所以它的头是模糊的。

很快，照相技术在速度、可靠度和普及程度等方面都得到了改进。就在达盖尔向世界公开自己技术的那一年（1839年），英国科学家亨利·福克斯·塔尔博特（Henry Fox Talbot）公布了自己的独立研究，他从1835年就开始研究照相技术了。1841年，他改善了自己的技术，命名为碘化银纸照相法（calotype）。福克斯的方法能在几分钟内在负片上成像，而单一负片可以多次复制。[9]肖像馆纷纷开张，但尽管照相速度提升了，仍然只有静止的物体才能获得清晰的图像。用以缅怀逝去心爱之人的遗像也在这一时期发展起来，毕竟这些人不会在照相时眨眼。

所有人都看到，照相的趋势是越来越快，并开始想象瞬间拍照的时代。例如1871年，有个叫约翰·L. 吉恩（John L. Gihon）的人给宾夕法尼亚摄影协会展示了一项名为“瞬时摄影”的新技术，表明技术突破已经实现。“数年前，我在户外工作的时候曾经努力尝试捕捉瞬间

图 3-5　可能是最早的猫照片

图片来源：哈佛大学霍顿图书馆，编号TypDAG2831。

的画面，我使用了一种简单的快速曝光方法，得以捕捉动物高速运动的时刻。我在暗箱前加了一个盒子，里面有一块可以滑动的带孔木板，通过开关控制镜头前的带孔木板就可以实现曝光。”[10]

早期照相技术受限于底片上化学反应的速度，而现在高速摄影则需要另外的技术协助：自动化的快门能在不到一秒的瞬间实现开关。早期照相过程很慢，所以拍照者可以手动移动、替换镜头前的盖子。为了拍摄高速运动的物体，摄影技术的化学、物理过程都需要进一步改进。

摄影技术是由科学家尼塞福尔发明的，由艺术家达盖尔完善普及。与之对应的是，真正的高速摄影技术是由一位艺术家发明的，而一位科学家完善了它。这位科学家是法国人艾蒂安-朱尔斯·马雷（1830—1904），他在摄影和生理学领域都带来了革命，并拍摄了第一张下落的猫的照片。而发明高速摄影技术的这位艺术家的一生用过很多名字，他出生时叫爱德华·詹姆斯·马格里奇（Edward James Muggeridge，1830—1904），却以埃德沃德·迈布里奇（Eadweard Muybridge）闻名于世，他解决了马奔跑时到底是怎么运动的问题。

爱德华·马格里奇出生于英格兰泰晤士河畔的金斯顿，后来他的家人回忆说当时的他是一个古怪但精力充沛的天才少年。[11]尽管金斯顿实际离伦敦市中心不过10英里（约16千米），但其实是一个非常安静的地区。爱德华对平静的生活不甚满意，20岁的时候就搬到了美国，并把姓氏改成了迈格里奇（Muygridge）。一开始他在纽约给出版机构做代理人，美国东部和南部都是他的负责范围，到了1856年，他西迁至旧金山做起了书商。

不管在那时还是现在，加利福尼亚都被视作重新开始人生，并带来财富和荣誉的地方。它繁荣于19世纪50年代，因为1848年的淘金热带来了大量的淘金者、投资者和各种寻找机会的人。旧金山变成人们活动的中心，人口从1848年的1 000人快速增长到1850年的25 000人。同年，加利福尼亚变成一个新的州，成为蓄奴州和自由州的中间地带，这一改变使得其获得了更多的权利和赞誉，这些毫无疑问地扩大了它的影响力。

在这样一个充满野心和机会的州，迈格里奇显然也不满足于单纯的书籍买卖，1859年，他将全部生意卖给了自己的兄弟，自己从美国前往欧洲，对外宣称是为了购买更多的古籍。

这一悲惨的错误旅途某种程度上改变了迈格里奇的一生。1860年7月2日，他登上了前往圣路易斯的公共马车，他将在那儿坐火车前往纽约。旅程的前几周，一切按计划进行，但是在得克萨斯州，马匹失控，无法减速，惊慌失措的车夫只能让马车撞向大树以停下来。撞击之后，车上一人丧生，全员挂彩，迈格里奇头部严重受伤。这场车祸给他带来的短期影响是复视、思维混乱和其他认知问题；长期来看，脑部受伤似乎改变了他的性格，他变得更加古怪、更具强迫性，也更危险。

收到马车公司的经济补偿之后，迈格里奇回到英格兰看病，他找了最好的医生。医生建议他多休息、放松心情并进行户外活动。几乎没有资料表明在那之后的7年里他做了什么，摄影应该是他放松的方式之一。1867年迈格里奇回到旧金山，他把自己的名字又改成迈布里奇（Muybridge），摇身一变成为一名职业摄影师。

迈布里奇擅长风景摄影，他在旧金山的摄影基地离美国最好的风景胜地约塞米蒂谷不远。那时候山谷属于偏远地区，很难靠近，很少有人去旅游。然而，大众对山谷的风景很感兴趣，在这股热情下，摄影师成群前往。迈布里奇与众不同的地方在于他敢于将笨重的设备搬往危险的景点，他冒险站在瀑布之后，摇摇晃晃地走过岩石裂缝，拍摄了一些不同寻常的照片。他还因为在远景中捕捉到的空中湍流和云朵而引人注目，这些以当时的技术很难办到。如果要保证风景曝光，就容易过度曝光天空，而试图准确曝光天空又会使得景色看起来很暗。迈布里奇一开始是通过“造假”解决这一技术难题的：分别拍摄陆地和天空，然后把它们叠加起来，形成最终的照片。

很快迈布里奇就发明了一种能同时准确拍摄地面和天空的装置，为他日后高速摄影的工作埋下了伏笔。1869年，他以自己在摄影界的化名赫利俄斯（Helios）公布了他研发的“天幕”（sky shade）设备，其本质上是一块嵌入凹槽的木板，能够迅速地落在照相机镜头前面。木板从上往下掉落，先遮住天空，使得景色有更多的时间在底片上曝光。[12]迈布里奇已经在思考如何通过这一新型机械遮板来改进摄影技术。

1869年，美国还完成了一项艰巨而举世瞩目的历史成就：建设了第一条横贯大陆、连接东西海岸的铁路。多年来，美国西部的铁路由联合太平洋铁路公司负责建设，东部的铁路由中央太平洋铁路公司负责建设。1869年3月10日，两条铁路在犹他州的海角峰相连。在最终的仪式上，中央太平洋铁路公司董事长和最初投资者之一利兰·斯坦福（Leland Stanford，1824—1893）敲下了黄金制的最后一个轨钉。

斯坦福一生中担任过很多职务，有很多身份，且兴趣广泛。他早年在纽约和威斯康星做律师，当他的办公室被火灾烧毁之后，他和许多跟随淘金热的人一样西迁到了加利福尼亚。他敏锐地捕捉到了矿工的需求，经营了一家成功的综合商店，然后把赚来的钱投资铁路，使得自己的财富和权势迅速增长。1859年竞选州长失败后，斯坦福在1861年再次参加竞选，取得了成功并服务了一届任期。1869年，也即他敲下黄金轨钉的同一年，他在阿拉米达成立了一家酿酒厂。

铁路工作的压力和辛劳，以及为了完成这项工作而接触到的腐败而残酷的商业活动，显然对斯坦福的健康造成了损害。医生建议他进行休闲旅游来放松自己，但他不能或者不想离开加利福尼亚。折中之下，他选择的放松方式是购买、饲养马匹以参加赛马，1870年他买下了一匹名叫“西部”（Occident）的冠军快步马，后来，事实证明，这成为研究落猫问题的重大进展。

快步马在比赛时通常身后拖着一辆两轮的马车，因此步伐要比疾驰时慢一些，但对观众来说还是太快了，观众无法看清马腿的运动。在赛马圈，斯坦福卷入了一场富人间的激烈辩论：快步马是否会四只脚同时离地。随着摄影技术的进步，斯坦福很自然地想看看照相能否一劳永逸地回答这个问题，所以在1872年他提供了资金、人员和马匹，雇用迈布里奇来解决这一问题。

我们不是很清楚斯坦福为何选择了迈布里奇，可能是因为他看见了迈布里奇的广告：“赫利俄斯可以胜任私人住宅、**动物**，或城市、海岸等任何景色的拍摄。”[13]当两人相见之后，斯坦福似乎在迈布里奇身上看到了与自己相投的精神：一个大胆、富有想象力、雄心勃勃的冒险家。

选择迈布里奇是很明智的，1873年年初，迈布里奇已经成功地拍下了“西部”四脚离地快步行走的照片。为了完成这一任务，他发明了高速快门来缩短曝光时间。为了克服当时成像所用的湿版化学反应过慢的问题，他用白布铺满拍摄区域以大量反射光线。“西部”在照片中只以一个剪影的样貌出现，但这个剪影足以回答马匹快步走的问题。

迈布里奇的成就并没有给摄影界留下持久深刻的印象，至少在当时没有。他拍摄的图像质量很差，甚至被认为是伪造的。尽管迈布里奇为这匹马拍了大量照片，但他无法将这些照片正确排序以显示马的实际动态运动，因此，它们只能用于回答最初的辩论问题。圆满解决这一问题之后，迈布里奇继续在约塞米蒂进行更常规的摄影研究，并成立了一个摄影委员会以记录1873年的莫多克战争，这是印第安原住民不满自己被白人从世代居住的家园赶走而奋起反抗的战争。

迈布里奇在摄影方面声名大噪，但讽刺的是，也正是一张照片将他引向了疯狂和谋杀。1874年10月17日，他在自己家里偶然发现了一件影响了他命运的事。他的妻子弗洛拉7个月前生下了他们的儿子弗洛拉多，他看到了儿子的照片，照片本身很普通，但是在照片背面有他妻子的笔迹："小哈里"（Little Harry）。

迈布里奇立刻意识到这里的哈里指的是哈里·拉金斯（Harry Larkyns），拉金斯是一个英俊的恶棍和骗子，一年前认识了迈布里奇一家。和旧金山的社会惯例一样，拉金斯在公共活动中成了弗洛拉的社交伙伴，陪她去剧院和各种派对。迈布里奇本人对这种聚会不屑一顾，更乐于把晚上的时间花在摄影工作上。但这张照片的含义显而易见：弗洛拉和哈里的关系不仅仅是朋友，而迈布里奇的儿子可能不是他自己的。

发现这一秘密的那天，迈布里奇痛苦地在镇上游荡，请求朋友们为他安排后事。那天下午，他从旧金山乘船到瓦列霍，在那儿乘火车到拉金斯住的度假小镇卡利斯托加。询问之后，他得知拉金斯正在朋友家参加聚会，于是，迈布里奇坐着马车来到拉金斯朋友的家中，进入聚会的客厅，枪杀了拉金斯。

随后的审判轰动了整个地区。迈布里奇的律师以精神错乱为他进行辩护，最终，在1875年2月，迈布里奇被判无罪。在当时，社会习俗对陪审团的影响似乎比法律辩护更大。对通奸来说，一场残忍、有预谋的谋杀似乎是一种合理的反应。弗洛拉拒绝了丈夫经济上的支持，也没有答应与痛苦的丈夫离婚，而是陷入了疾病，最终于1875年7月因病去世；不久之后，她的儿子被送进了孤儿院。这两起悲剧发生时，迈布里奇正在危地马拉进行摄影考察。

1877年，迈布里奇回到了旧金山。在众多的摄影项目中，他选择再次与斯坦福合作研究动物的运动。斯坦福已经把他的赛马和马匹繁育业务扩展到了他在各地的地产上。迈布里奇与斯坦福这项研究的新目标不是解决绅士们的打赌问题，而是研究马的运动，以提高它们的速度和效率。1877年，随着照相机快门和化学技术的进步，迈布里奇能够更好地拍摄“西部”快步走的瞬间。照片依然质量不佳，但已展示出了这项技术的潜力。

最后的突破来自斯坦福可观的铁路资源的帮助。斯坦福指示他的铁路工程师为迈布里奇提供任何他需要的技术支持，而在1877年年底，工程师们开发了一种电子快门系统，当一个物体如一匹马撞线时，这种系统就会被自动触发。在新型快门的帮助下，迈布里奇沿着赛马道一共安装了24个摄像机，按顺序拍到了一匹马快步走或飞奔的一系列画面。

今天人们对斯坦福的骏马萨莉·加德纳（Sallie Gardner）全速奔跑的形象记忆最为深刻，然而在当时，快步走的照片似乎最能引起公众的共鸣。迈布里奇的成就使他立即享誉世界，几乎没有人质疑他的作品对科学和艺术的重要性。1878年出版的《科学美国人》杂志用几乎令人眼花缭乱的溢美之词描述了这一成就。

> 即使是最粗心的观察者也会注意到，快步马的运动姿态和传统画像里的完全不同，甚至没有一点儿相似之处。在这些照片被拍摄之前，没有艺术家敢画一匹真正在运动的马，虽然表面上我们是无法看出他们真实态度的。乍一看，艺术家会说照片中许多姿势根本就毫无“运动”可言；然而，稍微研究一下就会发现，传统的观念必须让位于真理，照片中的每一个姿势都比传统画像中的快步马更贴近真实。迈布里奇先生巧妙而成功地捕捉到了动物运动的画面，修正了人们对此的态度，这不仅显著地增加了我们实证知识的储备，而且还对描绘马的运动的艺术产生了根本性

图 3-6 迈布里奇《马的运动》(*The Horse in Motion*，1878 年)

图片来源：华盛顿美国国会图书馆印刷与摄影分区。

的改变。每个对动物行为生理学感兴趣的人，无论是艺术家还是赛马爱好者，都会意识到迈布里奇的照片是不可或缺的。[14]

飞驰马的问题已经被迈布里奇解决了，但这又让艺术家们陷入了另一场激烈的争论，争论的焦点是这种知识对他们来说是有利还是有弊的。1913年，兰克斯特（前文提到的《飞腾马的问题》作者）在下面这段引文中进行了一番讨论。

那么，我们现在可能会问，一个艺术家应该如何表现一匹疾驰的骏马呢？一些批评家表示，他们对如此高速的运动根本来不及发表观点。但是，撇开这个观点不谈，一个有趣的问题是，一个画家应该在他的画布上描绘什么，才能向那些看画的人传达他的思想、印象、感情、情感和判断，就像一匹真实的、奔驰的马给他的感受那样呢？

……

但是，更进一步说，所有“看见”的过程都包含了快速的评价或者判断过程（哪怕这个过程极其短暂），这一步甚至在意识在对视网膜图像有所反应、把它识别并标记为“看到的事物”之前就发生了。我们总是下意识地用我们的眼睛迅速做出判断，排斥不可能的和（我们认为）荒谬的事物，接受并“看到”我们判断通过的，即使它不存在！我们接受“看到的事物”，如一个有50个辐条嗡嗡打转的轮子，但我们不能接受一匹马有8条或16条腿！4条腿的马对于我们而言是常识，因此我们在看飞驰马的图片时不能接受一匹马有几条模糊不清的腿。[15]

事实上，以这种静止的形式来表现动物的运动，可能看起来很奇怪。1912年艺术家贾科莫·巴拉（Giacomo Balla）受迈布里奇和其他人关于运动的研究启发，画出了《皮带拴着的狗的动态图》（*Dynamism of a Dog on a Leash*），在这幅画中，一只小腊肠犬看上去就像被鬼吓着了，像卡通形象一样在滑溜的地面上逃跑。艺术家不得不面对这样一个事实："现实主义"通常看起来并不真实，至少画高速运动的物体时如此。

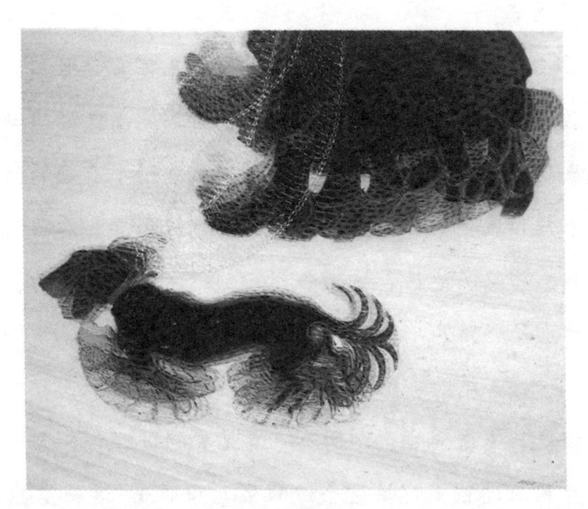

图 3–7 贾科莫·巴拉《皮带拴着的狗的动态图》，1912 年

图片来源：纽约奥尔布赖特–诺克斯美术馆。

在迈布里奇拍摄这些照片的时候，有报道称，一些艺术家格外难接受这一事实。长期以来，法国画家让–路易·埃内斯特·梅索尼耶（Jean-Louis Ernest Meissonier）一直以准确地描绘动物（尤其是马）的动态动作而自豪，他刚刚打赢了艺术界一场规模不大的论战，使自己描绘的快步马被认定为绘画中的标准姿势。1879年，斯坦福拜访梅索尼耶，请这位著名的艺术家为他画肖像画。梅索尼耶不情不愿，直到斯坦福拿出马运动的照片，才应允了他。

> 梅索尼耶的眼神里充满了惊奇和惊讶。“怎么可能！”他说，“这么多年我的眼睛一直欺骗了我！”“机器是不会撒谎的。”斯坦福州长回答道。艺术家还是不相信，他冲到另一个房间，拿出自己亲手做的一个蜡制骑手骑马像，他认为，没有哪匹马的形象能比这个小模型更精致完美。
>
> ……
>
> 看着这个老人悲伤地放弃了这么多年的信念，真是让人同情。他大声地说，自己太老了，无法学会新东西，不能重新开始，眼睛里充满了泪水。[16]

上述话语转引自一位匿名的“巴黎写信者”，可能夸大了梅索尼耶的反应。因为目前还不清楚除了斯坦福和梅索尼耶，房间里是否还有其他人，这可能是斯坦福故意泄露的一个故事，以推销自己的成就。不管怎样，这些照片都达到了目的，梅索尼耶同意为斯坦福画肖像，以换取更多动物运动的照片。

由此看来，迈布里奇摄影作品最直接的影响似乎是在艺术界。然而，1878年《科学美国人》的那篇文章很有先见之明地指出：“每个对动物运动生理学感兴趣的人……都会意识到迈布里奇的照片是不可或缺的。”这篇文章刊登几个月后，一封信出现在1878年12月28日的法国《自然》（*La Nature*）杂志上，证明了这一点。

亲爱的朋友：

我很欣赏最新一期《自然》上的迈布里奇先生的瞬时摄影。能否帮我联系上他？我想请他协助解决某些用其他方法很难解决的生理学问题。[17]

这封信来自法国生理学家艾蒂安-朱尔·马雷，他把高速摄影转变成研究动物运动的革命性科学工具，并开始利用这一工具来解决困扰物理学家的落猫问题。

04

影片中的猫

艺术家迈布里奇首次拍摄了瞬时摄影的照片，并用它们来观察生物的运动；而科学家马雷将这一技术发展成为研究动物、人和物体运动的最精密的科学工具。在这个过程中，马雷为电影工业奠定了基础。在建立他那令人难以置信的科学运动研究体系的过程中，他即将用照片展示下落的猫，震惊物理学界，当然这是马后炮了。

1830年马雷出生于法国波恩，迈布里奇也是这一年出生的。马雷是玛丽–约瑟芬（Marie-Joséphine）和克劳德·马雷（Claude Marey）的独子。这个家庭相当富裕，因为克劳德在波恩这个葡萄酒生产基地做葡萄酒管家。小马雷在年轻时就表现出了超群的智力和不凡的机械才能：人们评价他“手指里仿佛也长着大脑”。[1] 18岁时，他进入当地一所大学学习，他不仅在功课上取得了优异的成绩，赢得了许多奖项，还利用自己的机械技能为同学们制作玩具，结交了许多朋友。

基于在机械方面的热情和才干，马雷想进入工程学校学习，日后成为一名工程师。然而，我们看到故事总是惊人地相似，他的父亲想让他成为一名医生，所以1849年马雷进入巴黎的医学院学习。尽管医学只是他的第二职业选择，他还是熟练掌握了医学，并因为富有创新精神和想象力而脱颖而出。

对马雷来说，转折似乎发生在1854年，他得到了一个在生理学家马丁·马格龙（Martin Magron）实验室工作的机会。生理学主要研究有机体及其组成部分的运作机理，包括研究生物的关节、肌肉和器官是如何发挥其功能的。这天然地适合热爱机械的马雷，他最终专攻血液循环的研究。他博士论文的题目是“正常和病理状态下的血液循环”，并在1859年发明了他的首个医疗诊断设备——脉搏描记器，它可以直接测量，并在纸上画出人手腕处的脉搏图像。

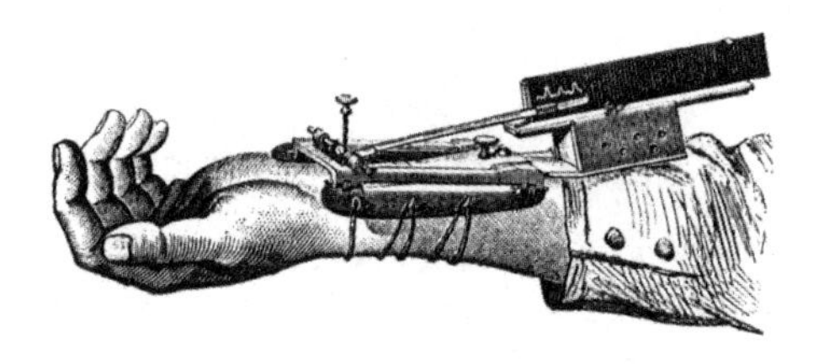

图4-1　马雷的脉搏描记器

图片来源：马雷《图表方法》（*La methode graphique*），第560页。

机械装置在人体脉搏的压力驱动下会使笔尖上下移动，在一张被烟灰覆盖的纸上画出脉搏的图像。其他人以前也测量过动物的脉搏，但马雷是第一个设计出无须将侵入性探针插入体内就能测量脉搏的装置的人。脉搏描记器立刻就被当作重要的医疗器械而被广泛使用。当时发生了一件相当可怕的事，一个人的不幸为脉搏描记器带来了幸运：

> 布鲁阿代尔先生有一次告诉我，拿破仑三世听说了脉搏描记器，于是派马雷去做实验。马雷现场采集了一些人的脉搏曲线，

他注意到有一条清楚地显示出明显的主动脉瓣关闭不全。几天后，提供这一病理痕迹的被试被发现死于床上，而且死于心脏疾病常见的昏厥，而这一疾病正是脉搏描记器向马雷显示的。[2]

但与此同时，马雷的医疗事业也遭遇了一些重大挫折。在论文答辩后，他通过了医生资格考试，但没有通过教师资格考试。他在巴黎开了一家诊所，但不到一年就倒闭了。在没有其他选择的情况下，他只能以私人研究者的身份研究生理学，研究工作的经费来自脉搏描记器发明的版税和私下带学生。他工作、生活在同一地方，在那里饲养了一群奇妙的生物，研究它们的运动。一位1864年拜访过他的同事是这么描述的：

这个地方不仅是实验室，而且是动物园，令人难忘。我第一眼看到它，就留下了难以磨灭的印象，直到如今还时常会想起当时的情景，就像刚画好的蚀刻版画上未风干的油墨一样。

一切井井有条，匆匆忙忙的事情从未发生。实验室里有各种科学装置和仪器，有的是传统仪器，有的才刚刚被发明出来——毕竟研究新科学需要新工具。实验室里还有各种笼子、玻璃缸和生活在其中的生物，有鸽子、秃鹰、鱼、蜥蜴、蛇和两栖动物。鸽子咕咕咕地叫着，秃鹰似乎自持身份一声不吭。一只青蛙受到惊吓，从罐子里跳了出来，在访客不小心踩到它之前逃开了。一只乌龟拖着沉重的身体缓慢爬行，它有顽强的耐心、不急不躁，缓缓地绕来绕去以躲避障碍，孜孜不倦地追求着它的使命，仿佛被什么东西驱使着，它很享受自己这种状态，就像在自己的壳里一样舒适安全。[3]

马雷关于心血管系统的课程和著作得到了法国科学界的认可，使他进入学院，并很快升为助教，乃至教授。到1870年，他已经有了足够的钱，于是在意大利那不勒斯郊外买了一套房子，这样他在冬天也有了一个舒适的环境，可以安心做研究了。随着时间的流逝，他的工作得到的认可越来越多，拥有的资源也越来越多。

他的工作内容到底是什么呢？马雷认为，运动是理解自然的关键，因为一切事物，包括原子、行星、马、人都在运动，都遵循同样的物理定律。与许多研究生理学的同事不同，马雷并不认为生物拥有某种不受自然法则支配的特殊“生命力”（vital force）。曾经当过机械工程师的马雷认为，生物同样可以用物理科学中的原理来解释。他谨慎地写道：“毫无疑问，生命现象之间存在着密切的联系，我们发现这些联系的速度有多快，取决于我们所采用方法的正确性。”[4]

为了找到这些联系，马雷根据1860年的脉搏描记器发明了一种仪器，可以绘制出人体血压随时间变化的曲线。马雷想找到精确的方法来描绘和测量所有动物的运动，包括外部运动和内部活动。他的努力取得了非凡的成功，与本书主题最相关的是他对动物运动方式的研究。他在人和马身上安装了一系列充气管道，从他们的脚上连接到一个手持设备上，用这个设备测量脚对地面产生的压力，记录每只脚着地的时刻和时长。

图4–2是马雷绘制的图示，其底部就是他记录的数据，显示了随着时间推移（从左到右），马在快步走时马蹄压力的变化。线条在水平方向上的间隙表明，马在快步走时确实会四只脚同时离地。马雷在1872年法国版《动物机制》杂志（*Animal Mechanism*）上发表了这一结果，而迈布里奇关于“西部”马快步走的第一张照片拍摄于1873

年。在快步马的问题上，显然马雷更胜迈布里奇一筹，然而，他的结论似乎并没有说服大众，也许是因为马雷的图形不如迈布里奇的照片那么有视觉吸引力。

图 4-2　带着传感器的快步马，底部的图表显示出马蹄压力随时间的变化

图片来源：马雷，见《动物机制》第8页。

马雷的方法与他的许多同事不同，他强烈反对用活体解剖来理解动物骨骼和器官功能。与他同时代的人经常解剖生物，研究它们的机制，但马雷坚信这样得不出正确的科学结论。马雷认为，对动物的抑制和手术改变了动物的自然行为，因此从这些研究中得出的任何结论都是可疑的，他尽量自然地记录生物的生活。

马雷秉承同样的原则研究飞行生物。为了研究昆虫翅膀的运动，他把一只昆虫的身体固定在一个位置，让它自由地用翅膀拍打一个覆盖着煤灰的旋转圆筒。翼尖清除了烟灰，留下的痕迹就能显示出翅膀是如何随时间运动的。因为无法用类似方法固定并研究鸟类，所以马雷发明了一种类似前面提到的马身上的压力感应装置，来测量鸟在空中的上下运动。鸟可以自由地飞翔，但身上缠着一根管子，管子连接着感应器。然而，感应器不可避免地会干扰并可能改变鸟的自然运动。马雷需要一种能在不触碰鸟的情况下记录鸟的运动的方法。

我们几乎可以想象马雷第一次看到迈布里奇1878年给马拍摄的照片时兴奋得跳起来的样子。他想探寻的所有问题，都有可能通过摄影技术来解决。收到带有迈布里奇照片的法国《自然》杂志四天之后，马雷激动地给杂志写了前文所述的那封信。迈布里奇非常愿意帮忙，对运动进行进一步研究。

> 我饶有兴趣地读了那封信……感谢贵刊刊登我的那些展示马运动的照片，我很高兴得到贵刊的肯定。请向马雷教授转达我的敬意，并告诉他，斯坦福州长正是读到他在《动物机制》上的大作后，才首次萌发在摄影帮助下解决运动问题的念头。斯坦福先生向我咨询后，在他要求下我帮他解决了这一问题，他要求我继续做一系列更完备的实验。
>
> ……
>
> 一开始，我们没有研究鸟类的飞行，但是，马雷教授提出了这一想法，我们也将在这方面进行实验。[5]

迈布里奇寄来了一组新的动物运动照片，供马雷参考。在首次充满希望的通信之后，两人似乎一年多没有进一步联系。每个人都有自己的课题要做，而他俩的课题都为20世纪的研究奠定了基础。名声正盛的迈布里奇不仅扩展了自己的研究，还四处旅行演讲。他开发了一种名为动物实验镜（zoopraxiscope）的装置[①]，可以向热情的观众生动地展示他的动物研究，这是现代电影的先驱。而马雷正在巴黎忙着和政府谈判，以建立一个新的综合研究机构。马雷同时也在用他最熟悉的力学模型方法研究飞行。他和一位同事不仅制造了可以扇动翅膀的鸟类模型，还制造了使用压缩空气为推进动力的固定翼飞机模型。

最终，1881年，在艺术家梅索尼耶的坚持和协商下，斯坦福赞助迈布里奇进行了一次短暂的欧洲之旅，马雷隆重地欢迎了这位来自旧金山的摄影师。

> 法兰西学院的马雷教授昨天邀请一些外国和法国学者及他的密友、我们的主任维尔博尔先生，到他在德莱塞尔大道特罗卡德罗广场的新居去做客。昨天晚上最吸引人的就是来自美国的迈布里奇先生做的实验，他用照片记录了动物的运动。
>
> ……
>
> 美国学者迈布里奇先生让我们率先体验到的东西应该被所有巴黎人知晓。他在一块白色幕布上投射出马和其他动物以最快速度奔跑的照片。但这还不是全部，他的摄影作品拍摄了飞行中的鸟类姿态的每一个动作，而我们的眼睛只能看到整体，是无法观察到每一个动作的。马雷先生与迈布里奇先生合作，对每一张照片都进行了风趣的点评。
>
> ……

① 动物实验镜是一种可以播放运动图像的投影机，将连续图像绘制在一块玻璃圆盘的边缘，随着玻璃的旋转，将影像投射出去，形成运动的图像。

> 宴会持续到很晚，但我们不无遗憾地承认，向马雷先生和维尔博尔夫人告别的时刻终于还是到来了，他们使得这个夜晚格外迷人。
>
> 最后，让我们向马雷先生和迈布里奇先生提一个小小的要求：巴黎马车的动物实验镜能否加紧制作？我们本不该再要求动作优雅，但记者们可是持续追踪很久啦。[6]

撇开记者的请求不谈，也许最引人注目的细节是聚会上马雷和维尔博尔夫人的亲密关系。这并不是巧合，这是迈布里奇人生经历的一个失真镜像：马雷与报纸主编维尔博尔的妻子有一段风流韵事，显然维尔博尔也默许了。马雷甚至和维尔博尔夫人生了一个名叫弗朗西丝卡的孩子。不过马雷没有公开承认弗朗西丝卡是他的女儿，而是把她当作自己的侄女带进了巴黎社交界。马雷之所以选择在那不勒斯买房，很大程度上是因为维尔博尔夫人在那里养病。

在访问巴黎期间，迈布里奇带来了马雷要求的鸟类飞行照片。但照片让马雷失望了，因为图像拍得不是很好，也不能对翅膀的运动进行分解，这对研究而言是远远不够的。马雷决定自己定制设备以继续研究。1882年年初，他发明了一种活动摄影枪（fusil photographique），可以在胶片上拍摄一系列的图像。

马雷可能是第一个上演“照片狩猎”的人，用相机而不是猎枪瞄准动物。也有其他摄影爱好者制造过摄影枪，但是他们的摄影枪只能拍摄一张照片，而马雷的摄影枪可以连续拍摄。马雷在意大利住宅附近的波西利波进行无声的“射击”，这引起了当地人的注意。据说，当地人称马雷为“lo scemo di Posillipo”，意思是“波西利波的傻瓜”。[7]

活动摄影枪对运动摄影而言是极为便利的进步，但它并不是一个稳定的摄影平台，而且它把照片分别显影在一个圆盘的周围，必须对照片进行切割和排列才能正确查看。到1882年年中，马雷已经发明了另一种能固定位置的相机，可以把动物运动的所有阶段显示在同一张胶片上。这架相机的照相底片是静止的，通过圆盘不断旋转实现连续曝光。1882年7月，马雷展示了用新相机拍摄的第一组结果，在一张图片中记录下了奔跑者运动的各个阶段。马雷将这种新摄影方法命名为连续摄影（chronophotography），并很快运用在生理学研究上。

进行这样的研究，并研发支持研究的设施，会花费很多钱，马雷自己远远负担不起。幸运的是，1880年他认识了致力于提高国民身体素质的爱国青年乔治·德梅尼（Georges Demeny）。在1870—1871年的普法战争中，法国人惨败给普鲁士人。战后，法国的出生率直线下降，而人们真正担心的是，法国人的身体素质和精神面貌都受到了影响。当局认为，体育和健身是未来避免失败的关键，军队为此投入了大量资金。陆军部此前也已经与马雷接触，提议将运动研究应用于改善士兵的健康和体能。而当德梅尼请求帮助马雷完成这项工作时，马雷认为他不仅有天赋，还可以帮自己处理生理学方面的日常事务，这样自己就可以自由地追求纯粹的科学。

经过多次官场的角力，1882年年底，马雷在巴黎西部边界处建立了一个永久性的生理学工作站。现在他有了劳动力、土地和资源，几乎可以从事任何他感兴趣的课题。马雷最新的连续摄影相机有个局限：如果物体移动缓慢，就会产生重叠的图像。例如，一个人走一步的距离几乎可以忽略不计，如果通过连续摄影分析他的步态，就会得到难以辨认的图像。马雷机敏地意识到，他不需要也没必要在图像中看到整个人。让人穿上深色的衣服，同时在他的手臂和腿上画上笔直的白色线条，就可以清晰地捕捉到其动作。马雷的策略与今天数字动作拍摄中使用的策略非常相似，在演员的身体上放置标记点，这些点在后期处理中用以确定演员的空间位置和朝向。

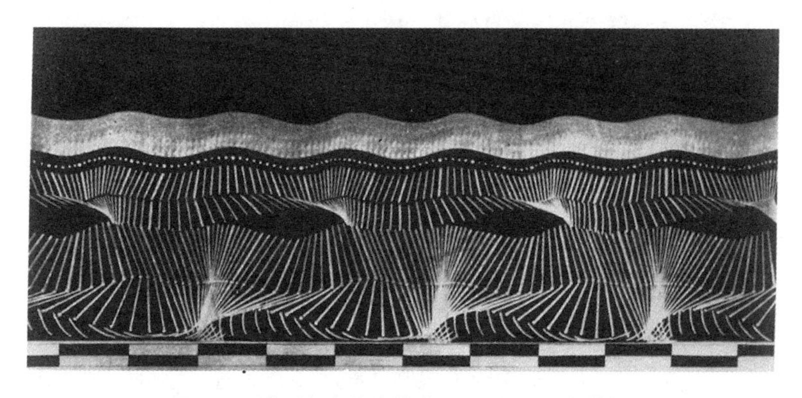

图 4-3 士兵行走的连续图，马雷 1883 年拍摄

图片来源：法国电影资料馆图片室提供。

1884年，忙碌的马雷从摄影中抽身出来调查法国爆发的霍乱。马雷和微生物学家路易·巴斯德领导了一个委员会，致力于追踪流行病病原并阻止它。马雷和巴斯德利用统计数据和精心绘制的地图向委员会的其他成员证明，受污染的水是疾病传播的途径。

调查结束后，马雷回到已交由德梅尼负责的生理学工作站，继续进行他的动物研究。在很多情况下，用来捕捉慢速移动物体的“火柴人”解决方案仍不起作用。从动态动物的前面或后面拍摄也可以提供重要的信息，但由于动物总是出现在摄像机视野中相同的位置，效果总是模糊不清。此外，马雷还想要研究一些位置固定的活动，比如拳击手挥拳、音乐家拉小提琴、士兵举重。在这些情况下，被拍者不会走动或跑动，所以现有的相机不太有效。由于被摄人并不移动，最明显的解决办法就是移动相机里的胶片。然而，马雷发现在连续拍摄过程中仍在使用的玻璃胶片板不能轻松、可靠地移动，产生的图像也无法满足他对成像质量的高要求。

这一次，解决办法来自外部。1888年年底，由纽约罗切斯特的乔治·伊斯门（George Eastman）发明的纸质摄影胶片从美国传到了法国。有了纸质胶片，马雷得以重新配置他的相机，在镜头前展开一卷胶片，从而在胶片上产生一系列按时间顺序排列的图像——这种设计已经非常类似于摄影机了。在此基础上，几乎没有什么物体的运动不能被记录下来。1892年，马雷已经开始拍摄他能接触到的所有动物的运动了，包括山羊、狗、昆虫、鸭子和马。

在这项研究中，马雷似乎很晚才想到下落的猫。猫的下落不像士兵的运动那样有军事意义，也不像赛马那样有经济意义（由于大家都忽略了涅普斯兄弟的内燃机，汽车还要过好些年才会普及）。直到1894年，生理学工作站园丁养的猫才以科学的名义，在相机前被扔下。1894年10月22日，马雷在法国科学院展示了这套连拍图。[8]

如果马雷只把这份下落的猫的照片视为他新摄影技巧的简单展示，那么它引起的反响显然远超预期。这些照片被发表在世界各地，而当他在法国科学院会议上展示这张照片时，物理学家们甚至感到愤怒。如下所述：

> 为什么猫下落总是脚先着地？这个问题最近引起了法国科学院的极大关注。这一问题显然很难解决，因为到目前为止，那些

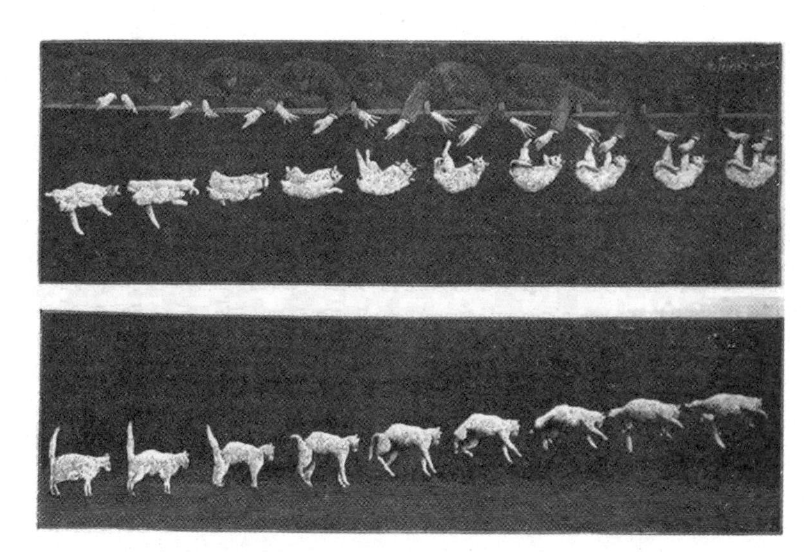

图 4-4　园丁的猫下落的侧面图，1894 年。下落顺序是从右往左，从上往下

图片来源：马雷拍摄的短片《下落的猫》，维基共享资源。

饱学之士尚未给出最后的解释。

……

马雷给科学院展示的调查结果引起了热烈的讨论。问题的难点在于解释猫是如何在没有支点（杠杆点）的情况下翻转自身的。一名科学院成员说，马雷先生向他们展现的，是一个与最基本的力学原理直接冲突的科学悖论。[9]

不停地转啊转

在1700年帕朗的工作和1894年马雷的照片之间的某个时间，落猫问题已经从基础物理学课本中已解决的问题变成了一个“科学悖论”。但这两百年间，物理学也发生了巨大的变化。现在，物理学的定义不仅包括“哪些物理过程是可能发生的”，也包括“哪些物理过程是不可能发生的”。

这些变化的关键是守恒定律的发现和广泛认识，守恒定律表明，在一个孤立的系统中某些物理量是不能改变的。其中最著名的是能量守恒定律，它规定能量不能被创造或毁灭，只能从一种形式转化为另一种形式。能量的形式包括运动物体的能量（动能）、重力场中的能量（重力势能）、热能（大量粒子无规则运动的能量，如气体热能就是气体分子无规则运动的能量）、化学能（分子和原子间化学键的能量）和电磁能（光、紫外线、红外线、无线电波、X射线的能量）。阿尔伯特·爱因斯坦的狭义相对论进一步揭示，质量本身就是一种能量。

以汽车为例，汽车将化学能（来自汽油）转化成动能，当然一部分化学能会不可避免地转化成热能；上坡时，汽车会减速，是因为动能转化成重力势能，下坡时则相反；刹车时，动能转化成热能，因为轮胎和刹车片间有摩擦。

早在古希腊时期，人们就了解了某种形式的能量守恒原理，但直到艾萨克·牛顿时期才开始出现实用的数学公式。[1]牛顿的对手戈特弗里德·莱布尼茨首先尝试量化运动物体的能量，他把动能称为系统的“活力”。但他的“活力”似乎只适用于行星等天体的运动，并不适用于地球上的物体的运动。科学家还没有认识到热是一种运动形式。

现代能量守恒定律出现于19世纪中叶，得益于两位风格相差很大的研究者的工作：德国内科医生尤里乌斯·冯·迈尔（Julius von Mayer，1814—1878）和英国酿酒师詹姆斯·普雷斯科特·焦耳（James Prescott Joule，1818—1889）。1840年，迈尔在一艘驶往东印度群岛的荷兰轮船上当医生，这一经历培养了他的洞察力。在给一些生病的船员使用放血疗法时，迈尔注意到从病人静脉中流出的血比他想象的要红得多，它看起来更像是来自动脉富含氧气的血。他意识到，在高温的热带地区，人体不需要消耗那么多血液中的氧气来维持其正常体温，因此，他们的静脉血比生活在气候寒冷地区的人更红，含氧量更大。迈尔意识到在人体和周围环境之间存在着某种“能量”的平衡，他敏锐地意识到这一原则适用于所有物理过程。当地水手注意到，暴风雨后的海洋温度比暴风雨前高，这也支持了迈尔的假设：在这个过程中，风的动能转化成水的热能。

而焦耳则是在尝试优化啤酒厂运营时获得的灵感，他本来的目的是比较不同类型发动机的效率。他的啤酒厂一直使用的是蒸汽机，但他想知道新研发的电动机是否会更有效率、更划算。尽管焦耳的研究始于一个纯应用问题，但他对能量如何从一种形式转化为另一种形式产生了浓厚的兴趣。他提出了热功当量的概念，即产生一定量的热需要多少机械功，并在1843年将他的结果提交给了英国科学促进会，但没有得到回应。迈尔在1841年和1842年发表了他的研究结果，他的观点甚至遭到了更多的反对。然而没几年，物理学家就令人信服地证明了各种形式的能量之间的转化。从1847年开始，能量守恒定律为人们广泛接受。

能量守恒定律的一个推论是，至少在科学世界里，能造出永远运动的“永动机”的想法已宣告破产。能量守恒定律表明不仅任何孤立机器的能量“池”都是有限的，而且机器将不可逆地把它的能量转换成不可用的热能。不过，这个结论并没有阻止一位1897年的作家半开玩笑地认为猫可以实现永动。

> 一家交易所表示，一个新产业将在伊利诺伊州弗里波特四分之一的土地上启动。一位有创新精神的农场主将饲养1 000只黑猫，养这些猫需要5 000只老鼠；预计这些猫在两年内会增加到15 000只，每只的皮值1美元。用来喂猫的老鼠的繁殖速度是猫的5倍，而被剥掉皮的猫将成为老鼠的食物。永动机就这样最终实现了。——《利平科特杂志》(*Lippincott's Magazine*)
>
> 世上无新事。自挪亚登上方舟以来，大自然早就发现了这种双向的老鼠和猫的永动。[2]

不用太仔细地考虑能量守恒定律，我们也可以很容易地看出这个计划为何会失败。就算老鼠的每一部分都被喂给了猫，猫的每一部分也不会都被喂给了老鼠。在这个系统中不可避免地会有质量的损失，这位农场主最好学一点儿物理。

虽然能量守恒需要相当长的时间才能被物理学家认识到，但另一个守恒定律——动量守恒，可以直接从艾萨克·牛顿著名的运动定律中推导出来。如下所示，我们可以总结一下这些定律，它们在牛顿《原理》中首次出现，虽然当时的形式和现在不太一样。

1. 惯性定律：一切物体在没有受到外力的作用时，总保持静止状态或匀速直线运动状态。
2. 物体上的外力之和等于物体的质量乘以加速度：力=质量×加速度。
3. 当一个物体对另一个物体施加一个力时，后者也会对前者施加一个大小相等、方向相反的力：对于每一个作用力，都有一个大小相等、方向相反的反作用力。

物体的动量被定义为其质量乘以速度，可以用来描述物体冲力的大小。如果两个物体的速度相同、质量不同，质量越大的物体动量越大；如果两个物体质量相同、速度不同，速度越大的物体动量越大。当一辆汽车和一辆卡车在路上相撞时，卡车通常会撞坏汽车，因为它的质量更大，动量也更大。

牛顿运动定律间接地表明，动量在任何孤立的物理系统中都是守恒的。牛顿第一运动定律告诉我们，一个物体的速度不会改变，除非它受到外力。因此，孤立物体的动量不会自发变化。由于物体的加速度是速度的变化率，牛顿第二定律告诉我们力代表动量随时间的变化。牛顿第三定律告诉我们，如果一个物体的动量改变了，另一个物体的动量必须在反方向进行等量的改变，使总动量保持不变。

一个常被用来演示动量守恒的例子是台球。如果主球正面击中8号球，主球会停止，8号球则以与主球相同的方向和速度移动。也就是说，主球的动量已经完全转移到了8号球上。

通常的动量又被称为线动量，加上“线”字是为了和同样满足守恒律的旋转动量，即角动量区分开来。简单地说，角动量用来表征物体的旋转，不管是自转（如自行车轮）还是绕别的东西旋转（如绕着太阳运行的地球）。对于质点而言，角动量等于半径乘以质量乘以速度，这里的半径指的是物体与旋转中心的距离。由此可以看出，如果两个物体质量和速度相同，但轨道半径不同，那么轨道半径越大的物体角动量越大。

对于不能被看作质点的自转物体，这个公式的含义是角动量不仅取决于物体的质量，还取决于物体内部质量的分布，这两者结合在一起形成一种叫作转动惯量的旋转阻力。如图5-1所示，有三个质量一样的轮子，直径越大（质量分布离自转轴越远）的轮子转动惯量越大，这就是为什么长途旅行骑自行车会比滑旱冰更容易：旱冰的轮子更小、

三个等质量的轮子

（a）转动惯量最大：质量分布在半径最大的轮子边缘

（b）转动惯量较小：质量分布在半径小一些的轮子边缘

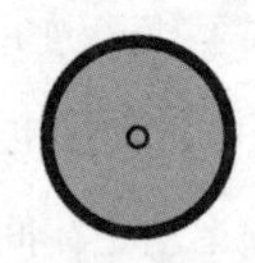

（c）转动惯量最小：质量均匀分布在整个轮子上

图5-1 三个不同转动惯量的轮子

图片来源：作者绘制。

更轻，因此在摩擦中失去的转动惯量会比自行车更大、更重的轮子失去的更多。在这种情况下，自转物体的角动量等于转动惯量乘以角速度。

如前所述，角动量是一个守恒量。如果要让一个静止的轮子开始顺时针旋转，为了使净角动量保持为零，一定得有某个东西开始逆时针旋转。日常的旋转办公椅就可以证明这一点：如果你坐在椅子上，身体突然向左转，椅子就会向右转——角动量守恒。

角动量守恒有一些奇怪的推论。如图5–2所示，当骑自行车的人踩下踏板时，车轮的角动量将使得地球产生一个大小相等、方向相反的角动量：骑自行车的人使地球轻微地旋转了！不过，地球半径和质量是如此巨大（也就是说它的转动惯量很大），使得骑车引发的地球的实际旋转可以忽略不计。此外，地球上有很多人在不同的方向骑自行车，综合下来，所有这些微小的旋转实际上相互抵消了。

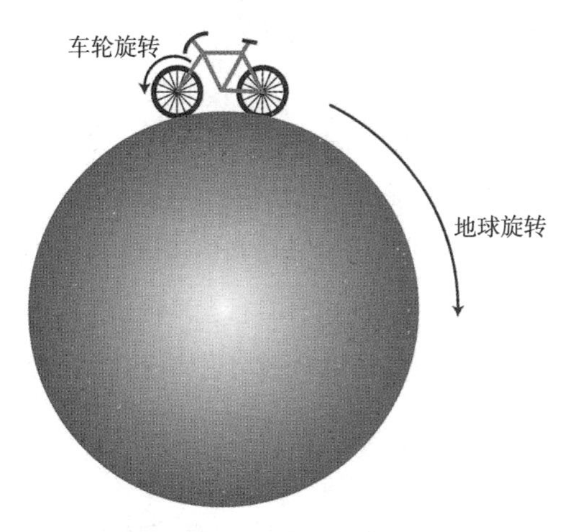

图5–2 自行车的轮子旋转时，由于接触地面，使得地球在相反方向产生微小的旋转

图片来源：作者绘制。

牛顿在《原理》中就暗示了角动量的概念，他在书中至少意识到了某种“旋转惯性”，他将其类比于牛顿第一运动定律中的惯性，在介绍第一运动定律时，他这么描述道：“陀螺自身的各部分被紧紧地结合在一起而无法做直线运动，只能旋转。而如果没有空气阻力的作用，它将一直旋转下去。更大的行星和彗星等天体，在更自由的太空中受到的阻力更小，能在更长的时间内保持其圆周运动或直线运动的状态。”[3]

牛顿之前，天文学家约翰内斯·开普勒通过行星观测得出广为人知的面积定律：行星在靠近太阳的位置上运动速度更快，而在远离太阳的位置上运动速度更慢。根据角动量等于半径乘以质量乘以速度，我们可以做出如下解释：由于角动量守恒，当半径变小时，速度必然增大。牛顿出版《原理》一个半世纪之后，多名物理学家认识到，面积定律表明在角动量方面存在某种更普适的定律。到1800年，人们已经有了“旋转动量”守恒的观念，终于，在1858年，威廉·J. M. 兰金（William J. M. Rankine）在其出版的《应用力学手册》（*Manual of Applied Mechanics*）中首次提出了“角动量”这一术语。[4]

从前面的讨论似乎可以推出角动量和旋转是直接相关的，但是我们将看到这是错误的。当我们考虑像自行车车轮这样的物体时，我们可以说它在旋转时具有角动量，在不旋转时则没有角动量。由于角动量是守恒的，似乎可以说，如果一个物体一开始没有旋转，那么它就不能自发地开始旋转。根据这个推论，一只猫在没有任何初始旋转的情况下开始下落，它就不能翻身，否则就违反了角动量守恒定律。尽管像斯特布尔斯这样的爱猫人士仍然用18世纪帕朗的解释来回答落猫问题，但19世纪末的物理学家已经意识到帕朗错了：猫不可能在不借助外力的情况下翻转。他们的结论是，在猫开始下落的那一刻，它必须从附近的某个固定物体（如下落的边缘或扔它的手）上借力，才能获得一些角动量来旋转。

马雷的照片清楚地表明，这个被广为接受的假说是不正确的。法国杂志《合家欢》(*La Joie de La Maison*）以“科学思想的温床”[5]为题，对热议的情况进行了报道，全文如下：

> 在最近的一次会议上，科学院专门讨论了一个奇怪的问题：为什么猫在下落时总是用脚着地，就像许多政治家总能全身而退一样？
>
> 这一问题是一系列仍然无法解释的自然现象之一，它让科学院的科学家们如临大敌。
>
> 其他无法解释的自然现象包括为什么鸡没有牙齿，以及为什么一高一矮两个人在雨天相遇的时候，矮个子总是试图把他的伞举到高于高个子的位置上。
>
> 马雷先生本着探究的精神，向科学院提交了60张猫从5英尺高的地方下落的照片。图片显示，猫下落时爪子没有抓任何东西，却得以及时扭动身体保证四肢着地。
>
> 你可能会讽刺地说“太神奇了！”，毕竟全世界都知道猫下落时总是脚先着地。
>
> 是的，每个人都知道这一点。但是外行人仅仅满足于知道这件事，并没有进一步研究的欲望。而马雷在科学院的支持下，尝试探究背后的原理。他们提出了这样的问题：“为什么猫下落时总是脚着地？”

作者幸灾乐祸的讽刺之情跃然纸上，他这么想也很自然，看起来这么简单的落猫问题，怎么就使得享有盛誉的科学院陷入混乱了呢？

> 就这样，学者们纷纷就这一问题展开讨论，不管他们原本研究的是哪个领域。马塞尔·德普雷（Marcel Deprez）先生指出，没有外力的作用，下落的物体是不能旋转的。持此观点的其他人还有天文台台长勒维先生（相比观察下落的猫，他可能更适合观察下坠的星辰）、矿山监察员（注：不是猫咪监察员）莫里斯·莱维先生，以及科学院常务秘书伯特兰先生。

这里有一个精彩的法语双关语：在法语里表示矿山的词是“mines”，而表示猫咪的词是与之读音相近的“minets”。作者想要提醒读者，不要误认为莱维先生是专门检查猫咪的。

> 所有人都同意马塞尔·德普雷先生的观点：他们坚持认为，猫之所以会翻转，是因为下落前猫的爪子给了一个推力。
>
> 就在这时，马雷展示了猫下落过程的瞬时摄影照片。照片清楚地表明，在猫开始下落时，猫仍保持其初始姿态。只有当它意识到自己正在下落时，它才会开始翻身。

如图5–3所示，马雷拍摄的侧视图清晰地展示了这一现象。例如，上一行右边第三张图片表明，猫刚被扔出时几乎没有转动。只有当猫真正处于自由落体状态，不接触任何可以推一把的物体时，它才会真正改变朝向。

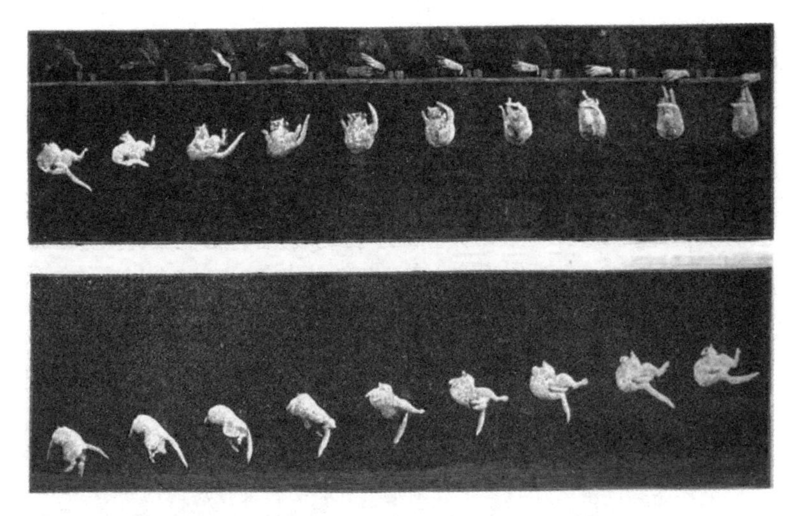

图 5-3　园丁下落的猫的侧视图（1894 年）。和其他马雷的照片一样，这一系列的照片需要从右往左、从上往下阅读

图片来源：维基共享资源。

与会的物理学家很难接受他们亲眼所见的证据，至少有一个人断定一定发生了什么不寻常的事情。

> 马塞尔·德普雷有些生气，但远算不上被冒犯，他提出猫可能会改变自己的内脏的位置，以改变自己的重心。这使得一位记者尖锐地问马雷："你打算弄清楚猫的肚子里发生了什么吗？"
>
> 也许记者不应该这么轻率地发问，因为他的问题反而会勾起马雷先生强烈的好奇心。这位学者一定会用他那不屈不挠的精神来解决这个问题，他会剖开无数只猫的肚子，看看里面是什么。

但我们已经看到，这些半开玩笑的恐惧是没有根据的，因为马雷反对将活体解剖用于生理学研究。

> 但最后一句话不限于某一位院士。科学院的成员们全身心地投入到这一问题中，恳求马雷先生重复他的摄影实验……只是这一次，他要把一根绳子系在猫身上。马雷向他们保证，他会成功的。
>
> 正如你所看到的，人们在科学院里从来不会感到无聊。但是，假设科学院的猫聚集在一起，把一名学者或政客拴在绳子的一头，观察他是怎么掉下去的，你会做何感想呢？恐怕我们会毫不犹豫地得出这样的结论：猫是一种聪明但又残忍的动物。
>
> 就我个人而言，我认识不少学者或政客，他们在这样的实验中会肚子先着地，因为他们的肚子太大了。举个例子，想想××先生……好吧，别介意。我说的是啤酒肚，不是人身攻击。
>
> 但我已经偏离了最初的问题，这里不是进行哲学思考的地方。解决我们面前的问题要简单得多，我将努力满足大家。
>
> 我很清楚为什么一只下落的猫总是用脚着地，我的答案比马雷先生、马塞尔·德普雷先生和洛伊先生，甚至比整个科学院都更简单："因为这样更不容易受伤！"

看到如此杰出的一群科学家被这只过于熟悉，甚至众所周知的猫难住，记者显然很高兴。同样引人注目的是，科学院的成员如此执着于他们现有的解释，但这一解释是怎么来的呢？差不多10年后发表的一篇回忆性文章提供了一条线索。文章先介绍了这个错误的理论，即猫下落时从某物上借力，然后讨论了马雷的解释。

> 某位科学界的权威前辈宣称这是违反常识和力学定律的。他断言，任何在空中自由落体的动物，都不可能靠自己的力量翻身。他提出的理由是如此令人信服，以至于他在法国科学院的同事们不得不接受了他的观点。[6]

这位权威前辈就是法国天文学家、数学家夏尔–欧仁·德洛奈（Charles-Eugène Delaunay，1816—1872），他最突出的贡献是对月球运动的详细研究，并因此在1870年成为巴黎天文台台长。他写了一本关于运动物理学的书《论理性力学》（*Traité de Méchanique Rationnelle*），在书中他暗示猫无法在没有支点的情况下翻身。

> 正如我们假设的那样，这只动物在空中是孤立的，没有受到外力作用，如果它本来就是静止的，它不仅无法改变自己的重心，而且也无法绕着重心翻身。事实上，无论它如何操纵肌肉，都只是改变内力。既然没有任何外力，从重心发出的矢量射线形成的平面面积就会保持不变：根据我们的假设，这只动物的初始状态是静止的，因此这一面积必然是恒等于零的。[7]

德洛奈认为，根据面积定律，一只在空中的孤立动物是不可能绕着它的重心旋转的。他没有明确地提到猫，但这一情形显然尤其适用于猫。我们将看到，这个论证是错误的。由于德洛奈在同事中非常受尊敬，科学院的科学家们显然没有深入研究这个问题，直到马雷将照片摆在他们眼前。

德洛奈不是唯一一位支持这一观点的著名物理学家。法国科学院也可以让我们的老朋友麦克斯韦来站台。

如前文所述，麦克斯韦对落猫问题的研究可以追溯到19世纪50年代。尽管他从来没有在任何科学期刊上发表任何猜测或观察结果，但是他显然和他的挚友、苏格兰物理学家彼得·格思里·泰特（Peter Guthrie Tait）详细讨论过他的想法。当48岁的麦克斯韦于1879年意外去世时，泰特被邀请在著名杂志《自然》上为他写一篇科学讣告。除了提到麦克斯韦在电磁学、热力学、天文学、色彩学和力学方面令人印象深刻的成就外，泰特觉得还有必要讲讲麦克斯韦对落猫问题的个人看法。

> 他在大学期间做了一个实验，这个实验虽然在一定程度上是生理学上的，但与物理学密切相关。实验目的是研究为什么猫下落时总是脚着地。麦克斯韦通过这样的方式得到了让自己满意的答案：他在地上铺了床垫，以不同的初始旋转状态将猫温柔地扔出去，猫本能地运用了动量守恒原理，当旋转太快时伸直自己的四肢以免头先着地，当旋转太慢时则蜷曲起来。[8]

泰特的描述回答了关于一只猫离开固定物体后是如何下落的解释中的一个问题：猫是怎么知道初始推力该多大才能以合适的速度旋转的呢？根据麦克斯韦的回答，猫并不知道：猫用腿来调整旋转的速度，这样它就可以脚先着地了。这个过程类似于花样滑冰运动员调整自己的旋转速度：收拢手臂时旋转得快一些，伸直手臂时旋转得慢一些。麦克斯韦认为与此类似，猫可以伸展或蜷曲四肢，通过改变转动惯量来控制转动速度的快慢。

但马雷的照片显示，这一解释也是不正确的。替麦克斯韦说句公道话，这一观点只出现在泰特的讣告里，麦克斯韦从未公开发表这一观点，这表明麦克斯韦自己可能也认为这一解释还不够有说服力。但麦克斯韦和德洛奈的声望加在一起，足以将“支点”假说牢牢地植入法国科学院成员们的头脑，并在1894年10月那场历史性的会议上引发了争论。

幸运的是，从马雷的“科学悖论”带来的震撼中清醒过来之后，法国科学院的科学家开始联合起来解决问题，为了有足够的时间思考物理和数学问题，谦卑的学者们准备在下一次会议上进行讨论。

> 第二次会议上，莱维先生站起来发言说，他认为这一问题的关键在于此前他们对一些力学基本原理的解释不准确。然后，他走到黑板前，迅速地在上面写满了数字，这些公式清楚严格地证明，猫的下落过程并不违反数学规律。科学院又一片祥和了：猫的问题解决了。[9]

莱维准确地指出了问题所在。物理学家们此前犯了一个老生常谈的错误：“一知半解是危险的。”这个问题中，本章讨论的物理学家考虑旋转物体时或多或少地陷入了僵化思维：他们认为猫的四肢可以伸直或收拢，却没有考虑身体的弯曲。他们对旋转物体和角动量守恒的肤浅理解只基于刚体，而猫在任何意义上都不能被认为是刚体。

法国数学家埃米尔·居尤（Émile Guyou）提出了一个关于猫翻身的新假说，这一假说似乎令当时科学院的大多数成员都很满意。居尤最广为人知的成果是发明了一种将地球投影成平面地图的特殊方法，

图 5-4 作者的猫咪“曲奇”帮忙演示了猫的非刚体形态

图片来源：作者拍摄。

即居尤投影。[10]为了理解居尤的解释，我们首先回忆一下坐在办公椅上转来转去的例子。就像花样滑冰运动员一样，坐在椅子上的人可以伸直或收拢手臂，通过上半身的姿态来控制椅子的旋转程度。当手臂伸直时转动惯量大，椅子反向转动的幅度也更大；当手臂收拢时转动惯量小，椅子反向转动的幅度相对也较小。通过调整人的转动惯量，坐着的人就可以控制椅子反向转动的幅度。

居尤想象一只猫也会通过类似的方式，用它的前后肢来控制前后半身的转动惯量。居尤解释说，猫在一开始掉下去的时候会伸出后爪，收拢起前爪，这样就可以翻转它的上半身，使之朝向地面，而下半身没有明显地反向转动；接下来，猫会收拢起后爪，伸展前爪，翻转下半身以朝向地面，而上半身没有明显地反向转动（图5–5）。

这一解释得到了马雷的支持，不久被命名为猫翻身的蜷缩—翻正模型。莱维基于面积定律对居尤的定性解释进行了严格的数学证明，证明其在物理上是可行的。甚至德洛奈最热心的支持者德普雷也接受

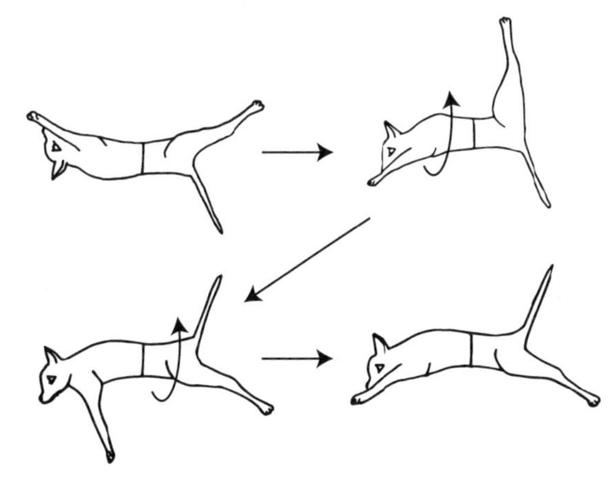

图 5-5 猫翻身的蜷缩—翻正模型

图片来源：莎拉·阿迪。

了这一基于面积定律的解释，还透露他是最早鼓动马雷拍摄猫下落照片的人。

> 如前所述（德洛奈定理），动物得到这个奇异结果（指总能翻身让脚着地）的方法很重要，但我手头没有瞬时摄影的设备，我认为就这一课题与马雷先生进行交流是最好的选择，他有我所没有的一切调查手段。我曾数次表示希望他用瞬时摄影解决这一问题。今天我为自己的坚持感到高兴，因为他听取了我的建议，与科学院交流了经验，现在我们注意到了面积定律的作用，也注意到了德洛奈甚至所有理论力学作者所犯的错误。[11]

居尤和莱维的解释紧随马雷在《法国科学院报告》（*Comptes Rendus*）上发表他照片的论文之后——院士们在受到媒体嘲弄后，想必急于为自己辩护。甚至科学出版物对整个事件也有点儿取笑的意味：《自然》杂志上介绍马雷照片的文章中还包含从猫的立场进行的分析："在照片第一排最后的那只猫表现出尊严被冒犯的神情，这表明它对科学调查缺乏兴趣。"[12]

然而，科学院的科学家们在讨论中并没有搞清楚，猫实际上的翻身情况是否如居尤的方法所描述的那样。尽管如此，这种解释还是被当作事实接受了，几年之后，它甚至被写入了物理学书籍。一本1897年关于"刚体系统的动力学"的书就收入了这个例子。

练习3　抓住猫，让它的脚朝上，然后在一定的高度下放开，请解释它是如何以脚着地的。

在下落的第一阶段，猫伸出后腿，使之几乎垂直于身体的轴线，并收拢前腿至脖子处。在这个位置上，它通过一个尽可能大的角度来翻转前半身，同时后半身往相反的方向扭转一个小角度，从而使得整个系统的角动量守恒……下落的第二阶段正好相反，它将后腿收拢贴近身体，前肢伸出。这时猫可以以大角度翻转后半身，以小角度扭转前半身。结果就是猫的前半身和后半身都翻转了过来。[13]

虽然这个问题似乎已经解决了，但我们不应该忽略解决这个问题的过程对当时物理学家思想的影响。马雷仅用了少量的照片就证明了两个重要的事实。第一，尽管像动量守恒这样的物理定律不能被打破，但它们可以以令人惊讶的方式隐藏起来，让表面上看似不可能的事情发生。第二，大自然已经隐藏了许多这样的东西，更近距离地观察自然有可能帮助科学家解决那些困扰已久的问题。

在马雷论文发表之后，《法国科学院报告》又连续几个月刊登了关于落猫问题的论文，对这一问题进行了更深一步的阐释，其中最值得一提的是1894年年末莱昂·勒科尔尼（Léon Lecornu）的论文，文中提到其他下落的动物可能有其他翻身策略。

> 一个更简单的由内力引起的翻转例子是蛇，它会在一个平面内蜷曲成圆形，其截面以相同的角速度旋转。这显然不违反面积定律，即便旋转时背部翻转到腹部，不仅外部形状保持不变，而且看起来甚至好像是静止的，反之亦然。某些水生动物可能也采用了这种方法。[14]

基本上，勒科尔尼想象蛇把自己围成一个圈，像一个甜甜圈或衔尾蛇，然后绕着中轴滚动。身体一侧旋转的角动量与另一侧往相反方向旋转的角动量相抵消（图5–6）。

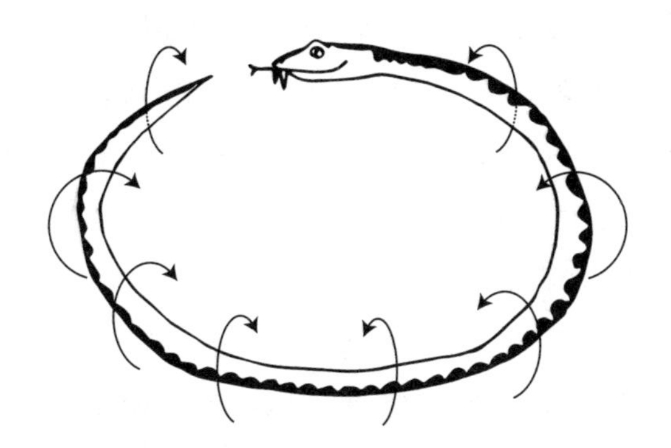

图5–6　关于自由落体的蛇是如何翻身的勒科尔尼模型

图片来源：莎拉·阿迪。

勒科尔尼模型并不是为严格描述蛇的运动而提出的，但讽刺的是我们将看到，它比居尤模型更接近落猫问题的本质。顺便一提，东南亚有种蛇叫金花蛇，又叫飞蛇，因为它可以从树枝滑翔到地面。它通过展平腹部和摆动身体来实现滑行，相关视频非常值得一看。

落猫问题的解决，至少在当时让大家都很满意，因此马雷似乎并没有履行诺言，做把绳子系在猫身上让猫下落的实验。然而他对小鸡、兔子和小狗也进行了实验，以验证它们是否有翻正反射。狗和鸡都失败了，令人惊讶的是，拍摄结果显示，兔子能够以一种和猫很像的方式翻身。

落猫问题的解决让马雷的声望更加稳固了。虽然他没有继续研究猫，但他一直在研究运动，并获得了无尽的赞扬和荣誉。他的研究包括说话的力学、自行车运动员的动力学，以及奥林匹克运动员的运动。以各种方法研究如何让人类飞行的人都请他做顾问，他还建造了一个风洞来研究物体周围气流的运动，并用他的高速摄像机记录流体的运动。在向法国科学院提交关于落猫问题的研究报告的同时，马雷与电影的先驱托马斯·爱迪生和卢米埃兄弟保持着通信。马雷和德梅尼研究运动时使用的动态影像，启发了爱迪生发明活动电影放映机，也启发了卢米埃兄弟发明电影机，这是世界上第一台商业电影设备。虽然马雷本人对出于娱乐目的的电影不感兴趣，但他的艰苦研究为我们今天所熟知的庞大产业铺平了道路。

1902年是马雷加入法兰西学院50周年，人们举行了一个纪念仪式，并颁发了一枚纪念章。纪念章一面是马雷的侧画像，另一面是他在实验室工作的场景。这一年年末，马雷研究所成立，国际生理学家协会一致同意以他的名字来给这座生理学研究所命名。

1903年12月17日，莱特兄弟在北卡罗来纳州的基蒂霍克首次让机身比空气重的飞机依靠自身动力实现飞行，这一荣誉的一小部分同样可以直接追溯到马雷。1901年，在那次著名的飞行之前，哥哥威尔伯·莱特给俄亥俄州代顿的西部工程师协会递交了一篇论文，文章提到了马雷。

> 我本人对航空问题的兴趣可以追溯到1896年利林塔尔去世的时候。那时他去世的短讯出现在电报新闻中，唤醒了我从小就有的对飞行的兴趣。于是，我从家庭图书馆的架子上取下了马雷教授写的《动物机制》，这本书我已经读了好几遍。然后，我开始阅读更近期的著作，不久，我的弟弟也和我一样对此感兴趣，我们很快从阅读过渡到思考阶段，最终开始动手制作。[15]

目前还不清楚马雷是否知道莱特兄弟开创性的成就，因为他在1903年年底已经病得很重了。1904年5月15日，马雷因肝癌去世。

迈布里奇后来的职业生涯某种程度上要比马雷艰难一些。刚开始，事情进展得非常顺利：就在马雷将迈布里奇介绍给巴黎科学界和社会大众的10天之后，1881年11月26日，法国人又组织了一场欢迎迈布里奇的活动。这一次，发起者是艺术家梅索尼耶，之前他曾因目睹马运动的照片而大受打击，现在他已经能欣赏照片之美，也乐意接受照片带来的启发。迈布里奇在展示他的系列照片时再次获得了好评："展览结束后，全场响起了最热烈的掌声。很多以画像或大理石雕像成名的艺术家，都热烈祝贺迈布里奇，认为他这一奇妙的发现必将有助于科学和艺术的发展。"[16]

从通信内容看，迈布里奇的野心似乎膨胀了：他计划与梅索尼耶、马雷和一位不知名的“资本家”合作，出版关于动物运动的权威文本。1882年，迈布里奇受邀向位于伦敦的英国皇家学会做一场关于他摄影研究的报告，如果这场报告的内容被收入学会的论文集中，迈布里奇在科学界的声望就将得到巩固。但是在他做报告的三天前，邀请被取消了。皇家学会收到了一本J. D. B. 斯蒂尔曼（J. D. B. Stillman）关于动物运动的摄影书籍《运动的马》（*The Horse in Motion*），“在利兰·斯坦福的赞助下出版发行”。这本书除了提到迈布里奇是一位“技术精湛的摄影师”外，几乎没有提到他的任何贡献。看样子是在迈布里奇离开后，自负的斯坦福聘请斯蒂尔曼继续摄影工作，并合作出版了此书。

迈布里奇以原创研究者自居，但这本书损害了他话的可信度。1883年，他起诉斯坦福损害他的职业声誉。不出所料的是，考虑到见证最初作品的大部分人都是斯坦福的员工，迈布里奇败诉了。

然而，迈布里奇毕竟资源丰富，而且从不轻言放弃。1883年，他与宾夕法尼亚大学达成了一项协议，以开展更多的运动研究，尽管这项研究大部分是出于艺术上的兴趣：研究主题是从事世俗活动（有时是色情的活动）的裸露的身体。几年之后的1888年，迈布里奇和托马斯·爱迪生会面讨论了电影，因此可以说对电影的发展起了点儿作用。但他的伟大思想，以及作为摄影界一股不可忽视和值得倾听的影响力的他，都已成为过去。1893年，在芝加哥举办的世界哥伦布博览会上，迈布里奇布置了“动物实验镜展厅”展示他的环状运动影片播放设备，但是这一冒险的举动让他得不偿失。

在生命的最后几年，小时候名叫爱德华·詹姆斯·马格里奇的埃德沃德·迈布里奇回到了自己的故乡泰晤士河畔金斯顿，和亲人过着平静的生活，虽然大家有时还是难以理解这个古怪而精力旺盛的人。1904年5月8日，迈布里奇在马雷去世前一周逝世。这两个同年出生同年离世、有着同样首字母的名字（马格里奇全名Edward James Muggeridge，马雷全名Étienne-Jules Marey）的人，都对电影和摄影产生了巨大的影响。

他们的去世标志着一个摄影时代的结束，但人们对猫下落问题的兴趣才刚刚开始。在法国科学院引起如此轰动的猫，还有更多的恶作剧要做。

震撼世界的猫

马雷发现，猫甚至任何非刚体，都可以在不需要角动量的情况下改变它们在空中的朝向，这一发现将对许多科学领域产生影响。马雷照片最直接的影响是在地球物理学领域，它使得人们对地球自转有了新的认识。然而，这种影响也引发了19世纪后期两位最重要的数学家——朱塞佩·皮亚诺（Giuseppe Peano）和维托·沃尔泰拉（Vito Volterra）之间一场臭名昭著、旷日持久的争论，马雷拍摄的那只园丁的猫在其中就扮演了重要角色。

这场公开的争论始于皮亚诺于1895年1月发表于意大利期刊《数学杂志》（*Rivista di Matematica*）上的一篇论文《面积定律和猫的故事》。[1]皮亚诺首先总结了巴黎科学院那场混乱的会议上参会者对落猫问题的解释，然后给出了新的解释。

> 但是在我看来，猫的运动似乎有一个非常简单的解释。这个动物在自由下落的过程中，用它的尾巴在垂直于它身体的平面上画圈。根据面积定律，猫的身体的旋转方向与尾巴的旋转方向相

反，当尾巴的旋转量足以使脚朝下，尾巴就会停止旋转，身体也停止翻转，这样既能保证自己不受伤，又没有违反面积定律。

简而言之，皮亚诺认为，如果一只猫像螺旋桨一样朝一个方向旋转它的尾巴，那么它的身体就一定会反向旋转。

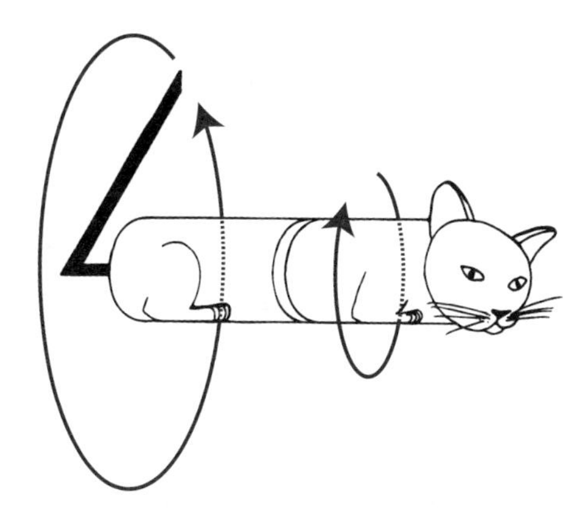

图 6-1　皮亚诺对于猫翻身的解释

图片来源：莎拉·阿迪。

然而，猫的尾巴比身体的重量要轻得多，这意味着尾巴必须旋转不止一周才能把整个身体翻转过来。皮亚诺自己似乎也意识到了这一点，因为他提到，猫也可能会摆动后爪来辅助运动。

尾巴的运动用肉眼就能看得很清楚，从拍摄的照片中也能看得很清楚。我们可以看到，前爪收拢至靠近身体，不影响运动；后爪则伸出，靠近尾巴，形成锥形，旋转方向与尾巴相同，因此有助于身体向相反的方向旋转。因此，一只没有尾巴的猫要翻身就会困难得多。重要提示：找一只值得信任的猫一起做这些实验吧！

皮亚诺的观点非常类似于用角动量守恒解释办公室椅子的旋转。事实上，他在论文的最后几乎准确地描述了这个观点：

如果你在水平面上挥舞一根长棍，你的身体就会向相反的方向旋转。这根棍子的作用就类似于猫的尾巴。

皮亚诺的解释简洁优雅得多，以至于直到近一个世纪后的1989年，J. E. 弗雷德里克森（J. E. Fredrickson）才用实验证明了无尾猫同样可以翻身，虽然有尾巴的猫会用尾巴帮助翻身。[2]不过螺旋桨解释非常符合皮亚诺作为数学家的人设，这是他的风格、强项和兴趣所在。

皮亚诺（1858—1932）是一位令人敬畏的数学研究者，有200多本（篇）专著和论文传世。他在意大利斯皮内塔的农场里长大，在乡村学校接受了早期教育。在寒冷的月份里，他会从家里带一块木头来，在上课的时候给班上供暖。[3]皮亚诺学习成绩优异，早慧的他得到了叔叔的赏识。1870年前后，叔叔邀请皮亚诺到都灵去学习，住在他家里。在那里，皮亚诺上了一所著名的高中。1876年高中毕业后，他进入都灵大学，之后再也没有离开。1880年大学毕业后，皮亚诺担任微积分讲席教授安杰洛·杰诺基（Angelo Genocchi）的助教，学校也允许他教课并开始自己的数学研究。

在皮亚诺给杰诺基做助教期间，我们能看到未来两人发生冲突的预兆。皮亚诺似乎一直渴望出名。例如，1882年，他做出了自己的第

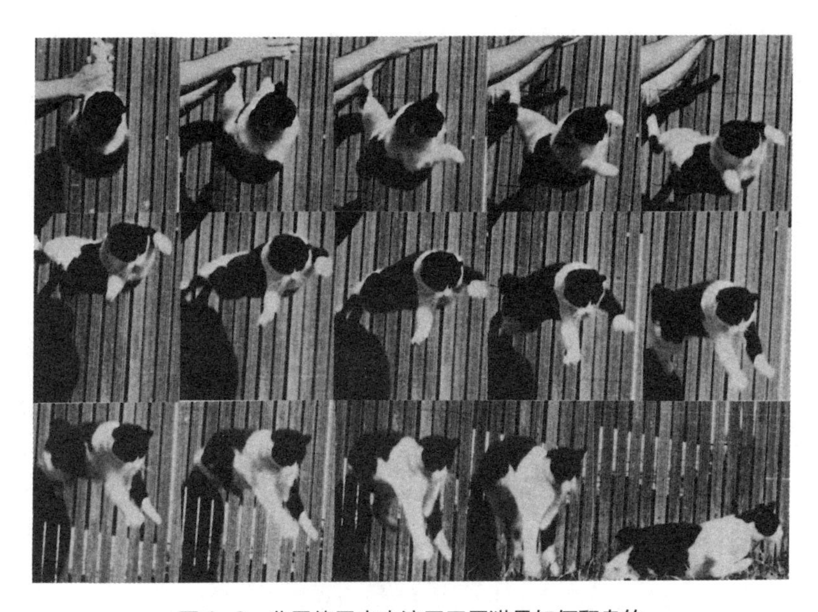

图 6-2　弗雷德里克森演示无尾猫是如何翻身的

图片来源：弗雷德里克森《自由落体的无尾猫》（The Tail-Less Cat in Free-Fall），原载《物理教师》（*Physics Teacher*）1989年第27期第620—625页，经美国物理教师协会授权复制。

图 6-3　皮亚诺（约 1910 年）

图片来源：维基共享资源。

一个重大数学发现：他发现当时学生广泛使用的微积分教科书上的一个重要公式有错误。皮亚诺想发表更正后的公式，但从杰诺基那里得知这一错误及更正早在两年前就被发现了，只是还没有公开发表。接下来皮亚诺、杰诺基和错误的最初发现者赫尔曼·施瓦茨（Hermann Schwarz）及其他数学家通信，几年内没有什么结果。1890年，这一更正终于首次公开发表，但发表者是雄心勃勃的皮亚诺，而不是施瓦茨。

另一个例子涉及杰诺基和皮亚诺之间更直接的冲突。杰诺基主讲的微积分课程颇有名望，1883年，皮亚诺敦促他将课程内容编著成一本书。由于健康状况不佳，杰诺基婉拒了这一建议，但皮亚诺主动提出自己以杰诺基的名义来写这本书。这本署名杰诺基的《微积分原理》大约出版于1884年年底，扉页写着“由皮亚诺博士增补出版”。

这本书首先至少是个小小的丑闻。皮亚诺不仅编辑了杰诺基的讲义，还在书中加了他认为“重要的增补”。这句话给人的印象既自负又不尊重原作者。一个自命不凡的年轻学者怎么能给大师的著作做增补呢？杰诺基自己一开始也很生气，但最终他似乎对整本书还算满意。事后看，这些增补的确很重要。

尽管皮亚诺厚颜无耻地进行自我推销（或者正因为他如此自我推销），他的地位和影响力都迅速提升。1886年，他兼任意大利皇家军事学院教授，1890年，他在都灵大学获得了正教授职位。正是在这段时间里，皮亚诺发表了一些他最有趣、最重要的工作。他最大的成就之一就是提出了现在被称为“皮亚诺公理”的理论，这是一组简单的陈述，描述了自然数（0,1,2,3,⋯）的所有性质。他提出用一种形式化、标准化的“语言”来描述数学命题，可以使得通常冗长的数学证明更简洁，皮亚诺的符号至今仍在使用。1890年，他联合创立了《数学杂志》，并在上面发表了自己首篇关于猫的论文《面积定律和猫的故事》。1891年，皮亚诺开始了“数学公式项目”，目的是用他开发的符号语言编写一套标准化的数学百科全书。

皮亚诺另一项代表性工作是空间填充曲线的概念。为理解这一概念，我们可以设想这个问题：是否可以用一条连续的线填满整个正方形？借助纸和笔，我们总是可以填满一个正方形，因为笔尖是有宽度的。但是在数学上，线只有长度没有宽度，而正方形既有长度又有宽度。因此直观上，我们会认为正方形比线“更大”。通常我们通过讨论物体的维数来讨论这个问题：线是一维的，而正方形是二维的。

但到了19世纪末，数学的新进展已经证明，直线上点的数目和正方形里点的数目是完全相等的。理论上，用一条连续的线填充一个正方形是可能的，而第一个明确提出解法的是皮亚诺。他使用的方法如图6–4所示，正方形被逐渐弯曲的线填充。图6–4（a）中的线就是简单的S形，下一步在原路径上继续生成S形曲线，不断重复迭代这一过程。皮亚诺可以严格证明，这样反复无数次就可以用一条连续的线遍历正方形上的每一个点，实际上可以遍历每个点多次。[4]

很久之后人们才意识到皮亚诺发现了一个有趣的数学对象——分形。普通几何物体的维数都是整数，如正方形是二维的，线是一维的。某种意义上，维数是对物体所占空间的度量方式，分形物体的维数可以是分数，这表明分形所占的空间与简单物体所占的空间大不相同。例如维数为1.5的分形占据的空间就比直线大，比平面小。分形通常被描述为不论放大多少倍看起来都是一样的图形，就像小的树枝分叉看起来和大的树枝分叉很相似一样，皮亚诺曲线同样有这种自相似性。在他不同寻常的构建过程中，他发现了这个奇怪的分形，其分形维数

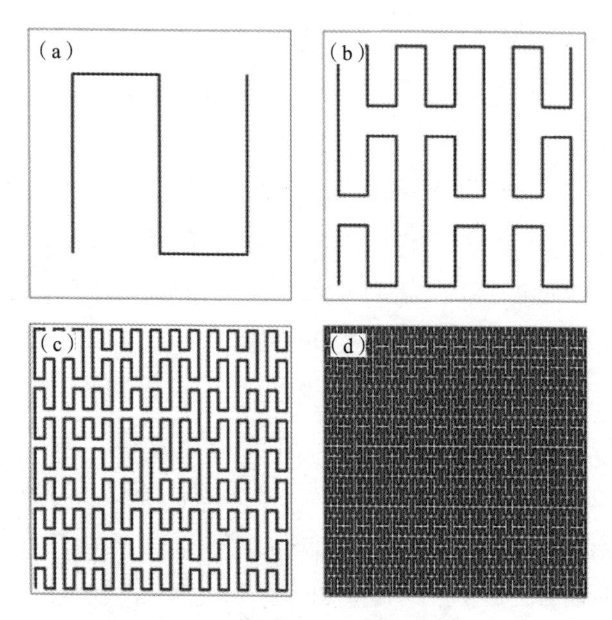

图 6-4　皮亚诺曲线的 4 次迭代

图片来源：作者绘制。

为2——恰好是整数。

如前文所述，皮亚诺是一位雄心勃勃、富有想象力的数学家，通常而言，他的兴趣点在于图景宏大的课题。然而，他也热衷于证明他那些宏伟的数学工具能解决现实世界中的问题。在思考了落猫问题一段时间后，他看到了地球物理学中当时很热门的一个理论：钱德勒摆动。

在皮亚诺的时代，天文学家已经意识到地球自转轴的方向不是固定的。就像陀螺或陀螺仪一样，地球自转轴本身会绕另一个轴旋转，即进动，地球进动周期为2.6万年。此外，自转轴还会轻微地上下晃动，即章动，地球章动周期为18.6年。进动和章动都是地球自转过程中受到太阳和月亮的引力作用而引起的（图6–5）。

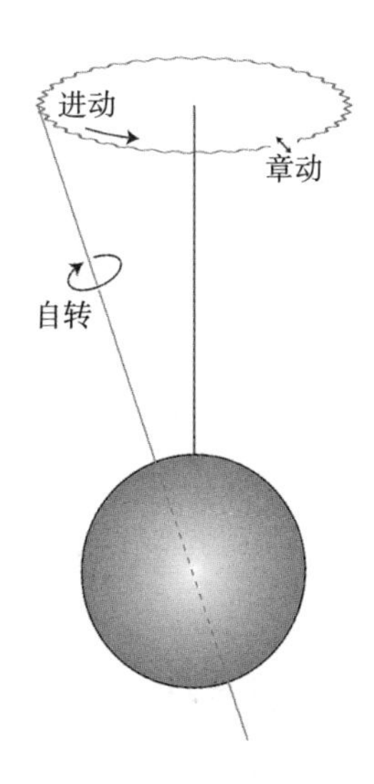

图 6-5 进动和章动

图片来源：作者绘制。

1765年，数学家莱昂哈德·欧拉预言了另一种形式的章动，他认为地球是一个不完美的球体，因此会产生自由章动：自转轴和固态地球自身（而非外力）互相作用产生的微小摆动。这种微小摆动是由于地球形状轴（几何外形对称的轴）和地球自转轴略有偏离导致的。欧拉进行了一些非凡的数学计算后，认为地球自由章动的周期应该是306天。

这种摆动是自转轴方向上的极其微小的变化，人们需要仔细观测恒星相对于地球的位置一年以上才能探测到它。观测上的巨大困难被科学家视为一种挑战，一个多世纪以来，无数的研究者试图观察欧拉预测的自由章动，都没有成功。到了19世纪80年代，天文学家基本上放弃了寻找这种效应。

就在这个时候，人身保险精算师、业余天文学家小赛思·卡洛·钱德勒（Seth Carlo Chandler, Jr.，1846—1913）意外地发现了这一许多专业人士都没有观测到的现象。[5]钱德勒出生于马萨诸塞州的波士顿，在高中的最后一年他得以和哈佛大学数学家本杰明·皮尔斯（Benjamin Pierce）共事，这给了他很大鼓励。皮尔斯与哈佛大学天文台合作，他让钱德勒做一些数学上的计算工作。大学毕业之后，钱德勒凭借自己的技能进入美国海岸调查局从事经纬度的天文测量工作。当他的上司离职后，钱德勒辞职进入了保险行业，但他真正喜爱的是天文学。由于他在哈佛大学有关系，他得以在哈佛大学天文台做一些天文测量。

钱德勒使用目视天顶仪测量纬度，这种仪器的设计笔直地指向天空，纬度可以通过测量恒星的相对位置来确定。钱德勒在从事海岸勘测工作时发现校准天顶仪特别花工夫，几乎使测量所需的时间增加了一倍。他作为业余天文学家的第一个课题，就是设计了一个可以自动校准的新装置，他称之为高度方位仪（Almucantar）。从1884年年中到1885年年中，钱德勒在哈佛大学天文台测试高度方位仪的精度，他的测量结果出人意料：结果表明，这一年中天文台的纬度似乎在持续变化。这是他首次观测到地球的摆动。钱德勒并没有推测它的起源，他只是提到，自己找不到任何符合这一观测结果的误差来源。

如果不是一个神奇的巧合，这个问题可能还会沉睡很多年：几乎在钱德勒研究的同一时期，来自柏林天文台的德国科学家弗里德里希·屈斯特纳（Friedrich Küstner）同样观测到了纬度变化。和钱德勒一样，屈斯特纳尝试研究的是与地球自转轴摆动无关的课题，他想弄清楚来自遥远恒星的光的速度变化。这种努力后来被证明是注定要失败的，根据爱因斯坦狭义相对论，无论谁来测量，光速都是不变的。

不出所料，屈斯特纳没有发现光速有任何变化，而且他也无法解释纬度的变化，他不得不将这一工作搁置了近两年时间。可能是因为看到了钱德勒的工作后受到鼓舞，1888年屈斯特纳发表了自己的研究成果。

钱德勒看到屈斯特纳的结果后，意识到自己观测到的纬度变化是真实存在的，他用高度方位仪加倍努力地工作，并在1891年发表了两篇关于钱德勒摆动的论文，表明自转轴偏离了北极30英尺（9米），周期为427天。[6]

钱德勒之所以在其他人都失败了的情况下发现了纬度变化，似乎只是因为他不知道自己在寻找什么。钱德勒之前的天文学家聚焦于欧拉估算的306天周期，并将任何较长的周期变化都看成大气的季节变化，因此进行了折减，这可能会改变恒星在天球的位置。但是钱德勒不熟悉欧拉的结果，他只是简单地测量数据，并未怀有任何先入为主的目标。

钱德勒的结果是决定性的。他不仅用自己大量的测量数据证明了摆动的存在，而且还证明了屈斯特纳的数据与他自己的数据是一致的，之后人们在俄国普尔科沃和美国华盛顿都进行了测量，得到了同样的纬度变化。

钱德勒这一发现带来的反应与后来马雷拍摄的猫照片带来的争论类似：最初是怀疑和困惑，但不久后学界就兴奋地接受了他们的新发现。1893年2月，英国皇家天文学会第73届年会上的一篇报告对这些反应进行了总结。

> 即使面对1860—1880年观测数据的有力证明，天文学家仍在犹豫是否要接受427天的周期，因为这一结果从理论上很难解释。

> 欧拉曾指出，把地球当作刚体，自由章动周期必然是306天。而西蒙·纽科姆（Simon Newcomb）教授高兴地指出，地球（无论是由于其实际的黏度还是由于海洋引起的复合特性）的刚性是有限度的，这可以解释为什么实际周期长于欧拉计算的周期。在这一观点下，钱德勒先生427天的周期不仅被接受，甚至得到了热情对待。[7]

简而言之，欧拉曾假设地球是一个理想刚体，但是由于地球上流体（大气和海洋）的存在，导致实际情况和欧拉的计算有很大偏差。

用语言来解释一种新的物理现象是一回事，用定量理论来支持这种解释则完全是另一回事。1894年，皮亚诺在解答落猫问题时，立刻意识到它和地球的摆动问题是相似的，并开始用数学来解释后者。这两个问题都涉及一个物体在没有外力的情况下改变其在空间中的朝向的过程，并且都可以定性地用所讨论物体的内部运动来解释。

皮亚诺受到落猫问题的启发来解决地球摆动问题，某种意义上具有讽刺意味：1700年，帕朗将猫视为球体；1895年，我们发现皮亚诺将地球看作一只猫。1895年5月5日，皮亚诺在一篇名为《关于地球的极移》的论文中，向都灵科学院提交了他自己关于这一现象的数学理论，给予了猫应有的承认。

> 去年年底，巴黎科学院通过实验证明，猫等动物下落时，可以通过自身动作改变它们的朝向。这种运动很快得到了力学解释。在1895年1月《数学杂志》上发表的一篇短文中，我简要地讨论了这个问题。我试图用猫翻身和其他例子来描述圆周运动。
>
> 它自然而然地引出了这样一个问题：地球能像其他生物一

样，仅靠内力就改变其在太空中的朝向吗？理论上说，这两个问题是一样的。沃尔泰拉教授是第一个提出这一看法的人，2月3日他将这一主题的相关研究笔记提交给了科学院。

在论文的下一段中，皮亚诺通过总结动量守恒和角动量的概念，展现了他用清晰而有趣的方式解释物理概念的能力。

如前所述，当一个物体落在地球上时，地球也在向物体移动，因此可以说地球上任何一个物体的移动都会引起地球的反向运动。因此，如果穆罕默德向山走去，那座山也在靠近穆罕默德；如果一匹马绕赛马场跑一圈，它也会使得地面反向转动，但不同之处在于，如果这只马绕了一圈之后回到起点，地球只反向旋转了一个很小的角度，并且其朝向相对于马没有移动的时候也有微小的改变。

纽科姆已经指出，地球的非刚性可以解释钱德勒摆动。而皮亚诺的工作的新颖之处在于，他讨论了可能导致摆动的特殊机制。

在地球表面，水以海洋环流形式流动；在大气中，水以水蒸气的形式上升，随风而动，以雨或雪的形式下降，滋润平原，并通过河床返回大海。

本文目的是阐释该如何计算地球各部分的相对运动给地球带来的位移，并做出数值估计。[8]

例如，墨西哥湾流逆时针循环流动，将温暖的热带海水带到欧洲。

根据皮亚诺的说法，这种水的连续循环流动会引起地球相应的顺时针旋转，以保证角动量守恒。本质上，皮亚诺认为循环的墨西哥湾流，与他对落猫问题的解释中猫的尾巴的作用类似。

在文章引言中，皮亚诺对沃尔泰拉教授的工作充满了看似亲切的致谢："沃尔泰拉教授是第一个提出这一看法的人，2月3日他将这一主题的相关研究笔记提交给了科学院。"实际上，沃尔泰拉自己也提出了对钱德勒摆动的数学分析，并且也认为海流可能是导致周期异常的原因。[9]这样看来，皮亚诺似乎承认了沃尔泰拉是第一个研究这个问题的人，但皮亚诺的所作所为实际上提出了一个挑战，这个挑战激怒了沃尔泰拉，并引发了一场长达一年的争论。

和皮亚诺一样，维托·沃尔泰拉（1860—1940）出身贫寒，但早年就显现出才华。[10]维托出生在意大利安科纳，两岁时父亲就去世了，他和母亲由叔叔照料。他们定居在佛罗伦萨，沃尔泰拉在那里度过了大部分的青年时光。

图6-6　沃尔泰拉（约1910年）

图片来源：维基共享资源。

沃尔泰拉很早就对数学表现出了兴趣，11岁时就开始学习算术和几何方面的经典著作。13岁的时候，他读了儒勒·凡尔纳的经典小说《环绕月球》，受此启发，他想计算出一个在地球和月球的引力场中的抛射体运动的轨道，但40年后，他才在一系列讲座中展示了自己的解决方法。14岁时，他就开始自学微积分。

沃尔泰拉家里很穷，家人想要

他选择收入高的工作，所以沃尔泰拉坚持要从事科学研究让他家人很失望。绝望中，家人联系了富有而成功的表亲爱德华多·阿尔马贾（Edoardo Almagià），请他劝说沃尔泰拉。但是，两人的谈话给阿尔马贾留下了深刻的印象，他转而全心全意地鼓励沃尔泰拉去追求他的梦想。

沃尔泰拉开始在佛罗伦萨大学学习，随后参加了比萨大学的课程，并于1882年获得物理学博士学位。23岁时，他就成了比萨大学的正教授。大约10年后，1892年，沃尔泰拉来到都灵大学，这时皮亚诺已是该校的力学教授。

要理解为什么沃尔泰拉被皮亚诺表面上善意的认可所激怒，我们必须看看上面提到的日期。皮亚诺指出，他关于猫的物理学的文章发表于1895年1月，而沃尔泰拉首次发表关于钱德勒摆动的研究是在2月。换句话说，皮亚诺暗示沃尔泰拉关于钱德勒摆动的想法来自自己的论文。如果我们把对钱德勒摆动的研究想象成一个无人居住的岛屿，那么皮亚诺的声明就相当于在地上插了一面大旗，宣称这块领土是他的，然而沃尔泰拉已经站在那儿了。

科学界有各种各样的争端，但是最恼人、最无益的莫过于新发现优先权的争夺。首先发现某一现象或者提出对某一现象的解释立马就能让人声名鹊起，但优先权的先后常常由一个短得出人意料的时间差决定，有时只差几周甚至几天。沃尔泰拉有理由愤怒，因为他研究这一问题的时间远比皮亚诺承认的长。尽管他的确是1895年2月在《天文学通报》上发表了他关于这一课题的首篇论文，但他提交的时间比发表时间还早了几个月。[11]在沃尔泰拉看来，皮亚诺是突然在最后一刻宣称对自己已经研究了一年的课题拥有优先权；更糟的是，皮亚诺还指控自己从他关于猫的论文中窃取了成果。

5月5日，皮亚诺正在做报告，沃尔泰拉突然现身发难，他告诉科学院成员，他已经在这一问题上研究好一段时间了，但是直到发表2月那篇论文前才有时间根据钱德勒的数据做进一步的计算。如果科学院同意，他可以拿来他的论文展示自己的工作。在得到许可后，他拿出了论文做了报告。[12]

这是两位数学家争论的开始。如前文所述，皮亚诺不是那种在争夺优先权时会退缩的人。5月19日，他给都灵科学院递交了另一篇论文，但是他在文中发现了一处错误，所以在付印前收回了论文。同时，沃尔泰拉也没有闲着，他在6月9日和23日给都灵科学院递交了另两篇有更多计算细节的论文。[13]

科学研究依赖他人认可自己的工作，所以在写新的研究论文时，引用前人做出的所有相关研究是学术规范。在沃尔泰拉6月递交的两篇论文中，他只引用了自己的工作，完全没有提到皮亚诺近期的工作。皮亚诺似乎注意到了这一点，于是在他6月23日递交的又一篇论文中，他提到了之前所有人对钱德勒摆动的研究，包括扎诺蒂-比安科、埃内斯特伦、贝塞尔、于尔登、雷萨尔、汤姆孙、达尔文、斯基亚帕雷利，唯独没有沃尔泰拉。[14]

之后，沃尔泰拉受够了在都灵的争论，他将这一主题的下一篇论文寄给了罗马的山猫学会（Accademia dei Lincei），直译就是“和山猫一样眼光锐利的学会”，其标志是视觉敏锐的山猫，象征着科学需要锐利的眼光。或许是沃尔泰拉被皮亚诺的猫所折磨，所以选择了山猫作为他和皮亚诺争论的战场。无论如何，山猫学会是一个严肃权威的学术机构，它成立于1603年，复兴于19世纪70年代，是意大利顶级的科学学术机构。[①]这意味着，沃尔泰拉希望这个国家的最高科学机构能出面解决他的案子。

沃尔泰拉在山猫科学院的期刊上刊登了两篇论文，第一篇“在1895年9月1日前收到”，对他用以解决摆动问题的数学方法进行了一般性讨论，似乎是为了显示他对这一课题很了解。[15]第二篇在9月15日前收到，在这篇论文中，沃尔泰拉直接与皮亚诺叫板了。

> 皮亚诺教授今年6月23日在都灵科学院会上报告了他的一篇论文，不久前已经发表了，这篇论文表明一个形状和密度分布围绕着一个轴对称的系统，可能会有内部变化，即自转极与惯性极偏移得越来越远。
>
> 这一结论可以作为我计算公式的证据和直接结果，而且我已经在之前的研究报告中做了解释，尽管它们今年同时发表在《都灵科学院纪要》上，但皮亚诺教授忘记了引用它们。我可以在这里进行展示，避免使用所述作者所采用的方法和符号，该作者使用的方法和符号通常不被接受，并且不适合读者弄清作者采取了什么样的路径，得到了什么样的结果。[16]

此处沃尔泰拉明确提到，他的研究没有被皮亚诺引用，这使他很愤怒。同时，他还暗示了两人之间重要的争论点：“方法和符号通常不被接受。”如前文所述，皮亚诺喜欢创造新的数学技巧，并为之创造相

① 复兴后的山猫学会名称是意大利山猫科学院，从1992年开始一直是意大利最高文化机构。为严谨起见，下文都改用山猫科学院这一称呼。

应的符号，在摆动问题上，他认为自己有机会证明自己的新方法能派上实际用场。与之相反，沃尔泰拉更偏向于使用传统的计算方法，自然乐得嘲笑皮亚诺的新方法。

皮亚诺不仅对沃尔泰拉的挑战应付自如，还主动还击。在1895年12月1日的一篇论文中，皮亚诺提及了沃尔泰拉的批评。

> 在9月15日《山猫科学院学报》上发表的同名论文中，沃尔泰拉教授坚持认为他的计算证实了5月5日和6月23日我在《都灵科学院纪要》上发表的两篇论文中的结论："地极在移动"。因为地极移动的课题甚是有趣，我想有必要简单阐述一下我是如何得到这些结论的，虽然我不特意解释读者也能看懂。[17]

皮亚诺似乎开始玩心理战：他的论文用和沃尔泰拉一样的标题，但文中明确地指出是沃尔泰拉提前窃取了他的题目。皮亚诺甚至还说沃尔泰拉"证实了"自己的结论，再一次暗示沃尔泰拉不过是在自己开创性的工作上添砖加瓦而已。

然后他回到了争论的起点：落猫问题。

> 众所周知，一年前（1894年10月29日和11月5日），下落的猫为何总是脚着地这一问题在巴黎科学院引起热议。尽管人们曾经认为这违反了面积定律，但是我们很容易意识到，如果能正确地理解这一定律，就能完全解释这一现象。我在1895年1月出版的《数学杂志》中也简要地谈到了这个问题。
>
> ……

> 地极移动是由于地球内部的运动（如洋流）造成的，我向某些人指出过这两个问题本质是一样的，因为猫和尾巴等价于地球和海洋。

似乎皮亚诺含糊地写“某些人”，就是为了让读者联想到沃尔泰拉正是其中之一，他暗示沃尔泰拉关于钱德勒摆动的解释来自和皮亚诺的讨论。如果这是真的，或者能让大部分科学家相信这是真的，皮亚诺应该就能获得优先权。

这篇论文似乎触碰了沃尔泰拉的底线，1896年1月1日，他愤怒地给山猫科学院院长控诉皮亚诺。

> 尊敬的院长阁下：
>
> 请允许我就皮亚诺教授的论文给您一个简短的回复……
>
> 关于他论文开篇的论述，我不打算浪费过多笔墨论述我是如何处理这一问题的或者问题出发点背后的基本思想，因为没有人会质疑我的优先权，不管是对这一问题的处理，还是关于地极偏移的基本思想，我观点的原创性是无可置疑的，这一点我在去年的演讲中解释过，我是在寻找合适的例子来阐明赫兹（Hertz）的概念时发现的。赫兹研究自然现象时，用隐藏的运动来代替力。皮亚诺在论文中简短回顾了其他人关于落猫问题的研究，我没有必要像皮亚诺暗示的那样在这一问题上替自己证明……
>
> 他的文章结论很明显来自我的计算，只不过换成了向量的语言表述而已，却没有标明对我的引用。正如我去年9月给科学院的文章中写的那样，皮亚诺应当被严厉谴责。显然，我不同意他

的任何结论。

……

这样看来，皮亚诺对我的任何批评都是毫无根据的，他的论断既无新意，也不准确，他自己也认识到了这一点，就我而言，我认为这场争论已经结束了。[18]

皮亚诺似乎也已经受够了这场争论，尽管他不得不发表最后的观点。1896年3月1日，他在给山猫科学院的最后一篇文章中以更明确的形式重新推导了他以前的一些公式，本质上是在“展示自己的研究”，这样读者就不会怀疑他确实取得了他在先前论文中所宣称的成果。[19]文章根本没有提到沃尔泰拉，这也许是明智的，皮亚诺和沃尔泰拉之间的争论就这样结束了。

对于这样一个相对较小的科学发现而言，这场争论显得尤为激烈。一年之中，皮亚诺和沃尔泰拉就钱德勒摆动一共发表了14篇文章，这样的高产对单一科学问题而言是不可想象的。皮亚诺的动机可能或者说部分来自想证明他发明的新科学工具的实用性；沃尔泰拉的动机可能也来自皮亚诺的符号体系，不过是出于反对的目的。两位数学家都在都灵大学工作，皮亚诺要求所有教授在课堂上使用他的新方法。传统的沃尔泰拉可能因此心生不满，又对皮亚诺试图将他的新方法运用到沃尔泰拉自己的研究上而激怒。

但是钱德勒摆动到底该如何解释呢？尽管皮亚诺和沃尔泰拉都赞同用洋流来解释，这一解释也被广泛接受了很多年，但对钱德勒摆动的细节仍有待进一步了解。20世纪初，研究者发现这一摆动远比皮亚诺或沃尔泰拉想的复杂：比如摆动的幅度可能在数十年中变化，偶尔还会“突变”。摆动也有多个来源：2000年，加州理工学院喷气推进实验室的理查德·格罗斯（Richard Gross）通过模拟表明，1985年至1996年期间，钱德勒摆动的主要来源是海洋底部压力的波动，其他海洋和大气效应的影响较小。[20]

所以皮亚诺和沃尔泰拉的争论并不像他们想象的那样重要。但如果不是因为马雷拍下园丁家猫的系列照片，这场争论可能根本不会发生。至少在这个案例中，猫赢得了恶作剧制造者的名声。

猫的翻正反射

马雷拍摄的猫下落的照片让物理学家感到吃惊，促使他们重新思考他们对物体如何在空间中移动和转动的成见。但与1905年改变物理学认知的科学界震动相比，这根本算不了什么。那一年，还不出名的专利局职员阿尔伯特·爱因斯坦在德国期刊《物理学年鉴》上发表了三篇论文，每一篇都各自奠定了一个物理学新分支的基础。如今，这三篇论文都被称为“奇迹年”论文。

第一篇论文《关于光的产生和转化的一个试探性观点》发表于6月9日。爱因斯坦在文章中试图解释光电效应：为什么光照在金属板上会激发出电子。他认为只有将光视为粒子流才能解释这一现象，尽管长期以来光被认为是波。波粒二象性现在是量子物理的基本属性。1921年爱因斯坦因为对光电效应的解释获得了诺贝尔物理学奖。

第二篇论文《热的分子运动论所要求的静止液体中悬浮小粒子的运动》发表于7月18日，解释了布朗运动：小粒子在热水中的无规则运动。爱因斯坦认为这一特殊运动是由于粒子与周围的水分子碰撞而产生的，这一解释最终证实了物质由离散的原子和分子组成的观点——令人惊讶的是，尽管时间已经走到了20世纪初，人们对这一点仍然抱有一些怀疑。

第三篇论文《论动体的电动力学》发表于9月26日。这是三篇论文中最有名的，因为它是爱因斯坦首次描述狭义相对论的论文，狭义相对论革新了我们对时间和空间的认识。为了理解这篇论文的重要性，我们需要一些背景知识。

物理学中的基本原理之一是相对性原理，它可以追溯到伽利略，其表述是："物理定律对所有观察者都是等价的，和观察者的运动状态无关。"1632年，在《关于托勒密和哥白尼两大世界体系的对话》中，伽利略是这么解释的：

> 把你和一些朋友关在一条大船甲板下的主舱里，再让你们带几只苍蝇、蝴蝶和其他小飞虫。在舱内放一只大水碗，向碗中放几条鱼。然后，挂上一个水瓶，让水一滴一滴地滴到下面的一个宽口罐里。船停着不动时，你留神观察会看到，小虫都以等速向舱内各方面飞行，鱼向各个方向随便游动，水滴滴进下面的罐子中。你把任何东西扔给你的朋友时，只要距离相等，向这一方向不必比另一方向用更多的力，你双脚齐跳，无论向哪个方向跳过的距离都相等。当你仔细地观察这些事情后（虽然当船停止时，事情无疑一定是这样的），再使船以任何速度前进，只要运动是匀速的，也不忽左忽右地摆动。你将发现，上述所有现象丝毫没有变化，你也无法从其中任何一个现象来确定，船是在运动还是停着不动。即使船运动得相当快，在跳跃时，你将和以前一样，在船底板上跳过相同的距离，你跳向船尾也不会比跳向船头来得远，

> 虽然你跳到空中时，脚下的船底板向着你跳的相反方向移动。不论你把什么东西扔给你的同伴，不论他是在船头还是在船尾，只要你自己站在对面，你也并不需要用更多的力。水滴将像先前一样，滴进下面的罐子，一滴也不会滴向船尾，虽然水滴在空中时，船已行驶了许多拃[①]。[②][1]

伽利略意识到，当你坐在船的深处时，你无法通过任何实验得知船是静止还是在做匀速直线运动。无论船里的生物是行走、游泳还是飞行，它们都无法感觉到任何不同。试想，一艘行驶的船里正在进行一场乒乓球比赛。很多人可能会认为，船向前移动会使得球有向后移动的趋势，因此更靠近船头的人更有比赛优势，然而这一直觉是不正

图 7-1　一场“伽利略乒乓球赛”。尽管船向右行驶，但没有哪个球手更有优势，这和人们的日常直觉是相悖的，常识误认为球会更倾向于向船尾（左边）运动

图片来源：莎拉·阿迪。

---

① “拃”指手掌张开时拇指尖与中指尖的距离，一拃约为23厘米。——编者注

② 引自《关于托勒密和哥白尼两大世界体系的对话》，周熙良等译，北京大学出版社，2006年。

确的。实际上球将和船停靠在港口静止时的运动方式一模一样。如果没有物理实验能区分船的运动，物理定律对于任何匀速直线运动的观察者都是一样的。

伽利略之后，牛顿成功将这一原理应用到他著名的运动定律中，他认为任何物体的运动都遵循相对性原理。例如，一个观察者站在台球桌旁，另一个观察者从台球桌旁走过，两人都能运用牛顿定律描述台球桌上发生的任何事情，尽管他们对于球到底运动有多快的看法会有所不同，这取决于他们自己的参考系。

19世纪60年代麦克斯韦提出光也是一种电磁波时，他很快意识到牛顿相对性原理不适用于光。尤其在于，牛顿公式表明，不同速度运动的观察者通常会测量出不同的光速值，例如一个人和光同向运动，另一个人和这束光反向运动，前者观察到光的速度将会比后者观察到的更慢。因为光速取决于麦克斯韦方程组，这似乎意味着麦克斯韦方程组对于每个观察者来说都略有不同。物理学家们得出结论，光波的物理定律对每个观察者来说都是不同的。从麦克斯韦时代到爱因斯坦时代，人们做了许多实验来测量假定的光速变化，但都没有成功。最著名的是1887年阿尔伯特·迈克耳孙和爱德华·W. 莫雷的实验，他们利用光的干涉来测量光速的变化。然而，根据牛顿力学，地球围绕太阳的持续运动本应该让光速产生可测量的变化，但它们没有测量到任何变化。

爱因斯坦却从另一个方向来攻克这个问题。他提出，如果电磁学定律对以任何方式移动的观察者而言都是一样的，那么相对性原理将会是什么样的？他在计算中使用了两条假设：（1）任何物理定律对于匀速直线运动的观察者都是等价的；（2）光速对于所有观察者都是一样的。从这两个假设出发，爱因斯坦得出了一系列奇异的结论。其中包括：

- 没有任何（已知）物体的速度能高于光速。
- 质量和能量是等价的，两者能互相转换（即著名的质能公式：$E = mc^2$）。
- 运动的参考系中时间流逝得更慢。
- 运动的物体长度会在运动方向上收缩。
- 时间和空间是不可分的，它们形成了一个四维的整体，被称为时空。

自从爱因斯坦发表狭义相对论的一个世纪以来，它所有的奇怪预测都被各种各样的实验所证实。

相对性似乎和我们讨论的落猫问题无关，但爱因斯坦的下一个课题与落猫问题就有很大关系了。几乎在狭义相对论刚刚获得成功之后，爱因斯坦就开始思考它最大的局限性：物理学定律似乎只有在以匀速直线运动的观察者身上才相同。匀速直线运动是符合牛顿惯性定律的运动，即惯性运动。这种局限性有令人沮丧的一面：我们几乎不可能找到一个真正符合惯性运动的例子。例如，地球上的物体一直都在进行某种程度的加速运动：地球绕轴自转，球面上的一切都随之旋转，而地球也在近圆形的轨道上绕太阳运行。相对论的原理只适用于从未真正发生过的运动，爱因斯坦对此不甚满意。

1907年，爱因斯坦仍在专利局工作，他的声望还不足以令他得到全职学术职位。一天，当他思考非惯性运动问题时，他有了“一生中最幸福的想法”。

> 就像电磁感应产生电场一样，重力①场也只是相对存在的。因此，对于一个从屋顶上跳下做自由落体的观察者来说，在他落体的过程中，不存在重力场——至少在他的周围不存在。如果这名观察者释放任何物体，物体都将相对于他保持静止状态或匀速运动状态，与它们特殊的物理、化学性质都无关。因此，观察者有理由认为他处于某种“静止”状态。[2]

当我们想象一个物体在重力的作用下下落时，我们倾向于认为重力是一种拉着物体的力。爱因斯坦则意识到，这幅图景是不正确的：一个人或一个物体（如一只猫），在自由落体时都是失重的，他（它）无论如何都感觉不到任何重力。[3]宇航员在绕地轨道上也是失重的，因为在重力作用下绕地球运动，本质上也属于向地球下落的过程，只不过是相对地面平行的下落，所以他们处于一种不断下落而永不落地的状态。

在有了最幸福的想法之后，爱因斯坦通过引入等价原理为一个包含引力的新相对性理论奠定了基础。在本书中，等效原理可以总结如下：

> 在物理上，物体的加速运动与处于一个均匀引力场中是等价的。

为了理解这句话背后的观点，让我们想象一个人乘坐一艘没有窗户的火箭飞船。像伽利略船里的人一样，飞船里的人也无法观察到任

① 重力与引力是同一种力。在本书中，我们按照习惯，将地球附近物体受到地球的引力和太空飞船里的人及物体受到的某一方面的引力称为重力。——编者注

何运动。如果飞船在地表，人会感觉到重力对他的拉扯作用。如果同样的飞船在太空中远离任何有引力的天体，只是在加速上升，人同样会感觉到一个很像重力的向下拉扯的力，这个向下的力是物体对加速度的惯性阻力。爱因斯坦认为，飞船上的人无法通过实验确认他或她处于哪种状态——这两种状态在物理上是等价的。任何乘坐过电梯的人都有过这样的经历：当电梯向上加速时人会感觉自己变重了；当电梯快到顶部减速时，人会感觉自己变轻了。

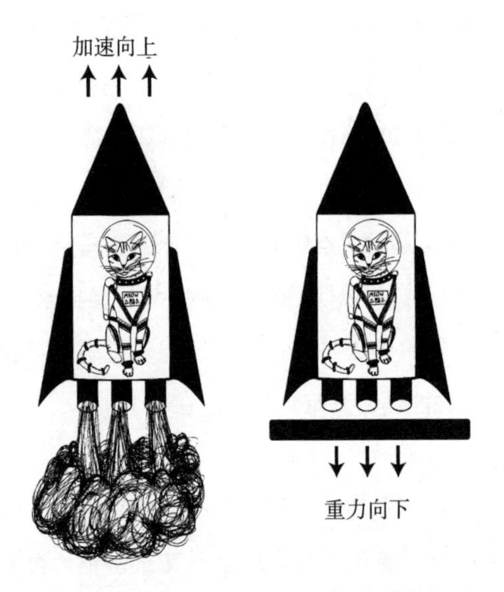

图 7-2　等效原理。在飞船里的人无法通过实验感知自己是在加速向上运动的飞船中，还是在重力作用下的静止飞船中

图片来源：莎拉·阿迪。

这是对加速度和引力的深刻认识，但是爱因斯坦在数学家的大力协助下花费了近10年，才将它变成严肃的数学、物理理论。最终，在1915年11月15日，他在普鲁士科学院的会上报告了这一理论的数学基础，这一理论今天我们称之为广义相对论。广义相对论带来了许多难以置信、充满奇思妙想的新结果，其中之一就是质量会让时空扭曲或弯曲。一个像地球或黑洞这样的大质量天体位于时空之“井”的底部。越靠近引力天体，时间流逝得越慢，一个在地表的时钟会比飞机上的时钟稍微慢一点点。

在这个新理论中，任何沿着最短路径穿越时空（这个最短路径可能是直线，也可能是曲线）的物体，都不会感觉到任何力，它们处于失重状态，其运动可以被认为是惯性运动。我们在地球表面感受到的重力可以被重新解释为我们受到了阻挡，未能沿着最短路径运动（最短路径即向地球中心下落的自由落体）。因此，爱因斯坦广义相对论可以用扭曲的时空来解释。

这让我们终于回到了落猫问题。当一只猫被扔下来时，它会做自由落体运动，并本能地翻身。然而，根据爱因斯坦的观点，自由落体的猫将完全失重，在任何方向上都不受力，那么它怎么知道该如何翻转以确保脚先着地呢？这个问题在20世纪初成为生理学家们探索的一个重要问题，并最终使他们接触到了爱因斯坦深奥的理论。

马雷的生理学研究主要关注动物为达到特定目标所做的动作。他关心的问题包括猫怎样移动才能翻身，或者鸟如何扇动翅膀来飞行。然而，研究人员同等重视并感兴趣的问题是，动物的大脑是如何控制和协调身体的肌肉来达到这些效果的。

神经科学是研究大脑和神经系统功能的学科。19世纪，神经科学已经开始与马雷等人研究的生理学齐头并进，两个领域也经常相互合作。不幸的是，马雷反对活体解剖的立场在许多神经科学研究中站不住脚。当时，测试神经系统各部分功能的唯一方法是有选择地损伤某些部分，并检查损伤对动物的影响。不幸的是，神经科学家研究猫的翻正反射时采取的仍是这套方法。

猫可以在自由落体的瞬间翻正，其反应的速度表明，这至少在一定程度上是一种反射。反射一词是指生物对外界刺激的不自主反应，最常见的例子是膝跳反射，医生在做检查时可能会测试这种反射，用橡皮锤轻敲一下膝盖，小腿就会往前踢一下。通过追溯研究反射的悠久历史，我们可以看到它是如何不可避免地导向了落猫问题的。

反射的研究起源自笛卡儿，如前文所述，据说他曾将猫扔至窗外。如果他的确做过这样的实验，他的目的可能是为了证明动物是没有灵魂的机器，将外部刺激转化成机械反应。也就是说，他想证明动物行为只是一系列的自动反应。在他的研究中，笛卡儿提出了心身二元论：心灵是独立于物质身体之外的实体，不受支配身体的物理法则的制约。笛卡儿认为，人的心灵（或灵魂）通过脑的松果体控制身体。现代科学已经不再相信二元论的观点，而是认为人和动物一样，思维过程都只存在于脑中。

"反射"（reflex）一词的首次使用可以追溯到托马斯·威利斯（Thomas Willis，1621—1675），他是牛津大学教授，并且是伦敦皇家学会[①]前身的创始人之一。1664年，威利斯出版了一本关于脑功能的重要著作《脑解剖》。书中，他推测，视觉和声音等感官输入信号被导入大脑皮层，从而产生有意识的感知和记忆。不过，他认为其中一些输入会通过小脑"反射"回肌肉，导致自动运动，也称"反射"。

---

① 正如巴黎科学院即法兰西科学院一样，伦敦皇家学会即英国皇家学会。英国皇家学会前身是一个名叫无形学院（invisible college）的12人小团体，成员包括威利斯、罗伯特·胡克、罗伯特·玻意耳等。

作为医生，威利斯做过无数次尸检，这使他能够阐明脑的大部分解剖结构。它可以分为三个主要部分：大脑、小脑和脑干。大脑外层被称为大脑皮层，或称皮质，它包含所有与大脑活动有关的神经细胞（即神经元），神经元与更高级的脑部活动——“灰质”有关。锥体束是一种神经纤维，它将信息从皮质传递到脑干和脊髓。将感觉器的信息传递到皮质的，是丘脑。小脑位于大脑的后下方，负责协调肌肉运动和如姿势和平衡等特定的行为。脑干可以进一步分为中脑、脑桥和髓质，负责身体的自主行为，如呼吸和心脏功能。

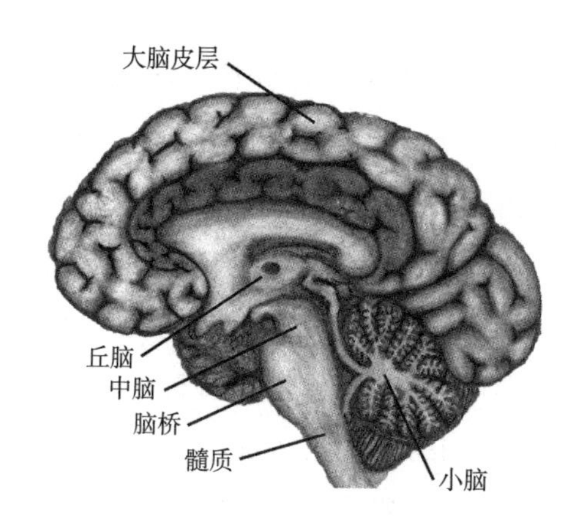

图 7-3　脑的主要解剖结构

图片来源：莎拉·阿迪。

对反射的研究早期进展缓慢。威利斯之后的一百多年里，研究人员一直认为脑是反射行为的控制中心，而脊髓只是将信息从感官传输到脑的传送带，就像电线一样。这一假设被苏格兰物理学家罗伯特·怀特（Robert Whytt，1714—1766）证明是错误的，他在1765年指出，没有头的青蛙仍然可以对外界刺激做出反射性的反应。怀特的观察表明脊髓是反射的真正中介，他进一步指出，许多反射可以追溯到脊髓的特定部分：不同的反射由脊髓的不同部分控制。在怀特的研究之后，科学家得出结论，意识活动是由脑控制的，而反射活动是由脊髓控制的。

我们可以想象，现实要复杂得多，19世纪的研究使我们对反射行为有了更深的了解。19世纪初，苏格兰外科医生查尔斯·贝尔（Charles Bell，1774—1842）证明了体内传递信息的神经有两种不同的类型，即感觉神经和运动神经，前者向中枢神经系统传递感觉信息，后者从中枢神经系统传递指令给肌肉和器官。1811年，贝尔出版了一本书——《关于脑解剖的新观点》，介绍了他的深刻见解。

英国生理学家马歇尔·霍尔（Marshall Hall，1790—1857）在贝尔观察的基础上提出了第一个完备的反射理论，引入术语"反射弧"来描述整个反射的完成过程。[4]霍尔的理论的很多细节是准确的，可以通过观察膝跳反射来解释。医生的锤击给了髌腱一个刺激，刺激了肌腱上的感觉神经，感觉神经将信号传递到脊髓的某个部分，脊髓通过运动神经将指令传回股四头肌，产生膝跳。

膝跳反射可以用来说明反射的一种重要性质（贝尔也发现了这种性质）：交互抑制。当膝跳反射被触发时，不仅有来自脊髓的信号让股四头肌抽搐，也有信号让与股四头肌相对的腘绳肌（一种拮抗肌）放松。正因为有信号抑制了拮抗肌的收缩，两组肌肉才不会相互对抗，否则不仅会浪费能量，而且可能造成肌肉损伤。我们很快就会看到，肌肉活动的抑制在神经系统中起着非常重要的作用。贝尔在1823年发表的一篇关于使眼睛运动的肌肉的论文中描述了这种交互抑制。

> 人们通常认为神经是刺激肌肉的工具，并没有考虑到它们也会起到相反的作用，所以这里可能需要一些额外的说明。通过神经，肌肉之间建立起了联系，这种联系不仅仅是协同作用，还包括一种肌肉放松而另一种肌肉收缩。[5]

贝尔时代还有另一项重要发现表明了反射的复杂性。研究人员发现，单一的反射反应可以依赖于多种刺激输入，这些输入包括各种感觉和有意识的脑控制，可以改变反射的强度和性质。然而，这类反射可以通过意志来控制，比如动作电影中的反派角色就经常把手放在火上烤，即使很疼都不移开。[6]与之相反，膝跳反射则是一种不能被意识控制或抵抗的简单反射。

19世纪初，关于反射的功能，尤其是神经系统的功能，有一系列令人眼花缭乱的说法，但没有一个能将这些不同的部分联系起来的统一理论。除了反射，研究人员还阐明了人脑的解剖结构，他们已经知道不同的高级认知功能位于脑部的哪些特定区域，也知道整个神经系统的基本单元是神经细胞，或称之为神经元。

接下来的故事轮到英国生理学、病理学家查尔斯·斯科特·谢灵顿（Charles Scott Sherrington，1857—1952）出场了。[7]谢灵顿的传奇从他出生时就开始了，官方记录显示他出生时，他名义上的父亲詹姆斯·诺顿·谢灵顿（James Norton Sherrington）已经去世9年了。他的生父可能是已婚的外科医生凯莱布·罗斯（Caleb Rose），罗斯和谢灵顿家的寡母有一段特殊的感情。显然，为了躲避流言蜚语，他没有承认自己是孩子的亲生父亲，而是将孩子记在詹姆斯名下，他仍是谢灵顿家的“访客”，直到1880年他的原配去世。[8]

罗斯给了他名义上的继子查尔斯·谢灵顿不少鼓励，后者进入医学界的最初动力即来自这位父亲。家庭经济上的困难使得查尔斯·谢灵顿无法如愿以偿地前往剑桥大学开始学业，不过他在伊普斯维奇文法学校读书时表现优异，并于1875年通过了英格兰皇家外科学院的初试，在那里接受了通识教育。1879年他作为非本院学生进入剑桥大学学习，1884年成为皇家外科学院的成员，1885获得内外科医学学士学位。

谢灵顿对神经科学的兴趣始于1881年第七届国际医学大会。在这次会议上出现了一场关于大脑功能区域的激烈争论，为了解决这个问题，科学界立即做了几个实验。谢灵顿没有出席会议，但他被请来协助后续的实验，这次经历给他留下了深刻的印象。

尽管谢灵顿对神经科学很感兴趣，但他的早期工作却在生理学和病理学之间交替进行（病理学是研究疾病及其原因的学科）。19世纪80年代，他多次前往欧洲大陆研究霍乱疫情。1887年，他在伦敦圣托马斯医院找到了一份系统生理学讲师的工作，在那里，他开始把神经生理学研究作为自己的主要工作。

谢灵顿最初的研究聚焦于膝跳反射，他于1893年发表了研究结果。[9]在这项工作中，谢灵顿做出了重大发现，我们今天称之为本体感受反射，它在交互抑制中起着关键性作用。通过查尔斯·贝尔的工作，人们已经知道，涉及拮抗肌的反射会受到交互抑制。但谢灵顿对这些反射进行了更详细的研究，他发现抑制的程度取决于拮抗肌最初是否屈曲。例如，屈曲的腘绳肌受到的抑制更强，而放松的腘绳肌受到的抑制则较弱。显然，膝跳反射不仅接收来自髌腱的信号，而且还从腘绳肌内部的感觉神经获得有关其当前状态的信息。这些感觉神经嵌在肌肉、关节和肌腱中，被称为本体感受器，它们向中枢神经系统提供有关生物自身产生的压力和张力的信息。

谢灵顿由此证明，反射所使用的通信线路比人们先前认为的要复杂得多。我们可以把反射的早期理论和最新理论想象成对火灾警报的不同响应。早期理论类似于，火警被拉响，导致消防部门做出反应，但没有关于紧急情况的详细信息。谢灵顿的研究表明，反射更像是报警人给消防部门拨打火警电话，在电话里传递了大量关于火灾的信息，以便消防部门决定如何应对。

在对拮抗肌的进一步研究中，谢灵顿注意到了对了解神经系统有重大意义的另一奇特现象。大脑两半球被完全切除的动物会出现伸肌（如股四头肌）变得强直的现象，这种现象很快就被命名为去大脑强直。在谢灵顿看来，这种强直表明，即便在休息时，肌肉仍持续被中枢神经系统的某个部分刺激而兴奋，同时被大脑两半球的信号抑制。反过来，这表明抑制在神经系统和反射中所起的作用比之前想象的要大得多。[10]1932年，谢灵顿因这一发现获得诺贝尔生理学或医学奖，并在他的诺贝尔奖演讲中描述了这一现象：

> 乍一看，反射似乎只是一种兴奋性反应，进一步研究之后会发现，它实际上既包含兴奋又包含抑制。这种复杂性通常在简单的脊髓反射情况下就可以清楚地显示出来，而在去大脑条件下更加明显。[11]

1906年，《神经系统的整合作用》一书出版，这进一步巩固了谢灵顿在神经科学领域的声誉。在书中，他首次建立了关于反射如何作用的系统性描述，从细胞层面到大脑层面。[12]他在书中引入了突触的概念，突触是神经细胞之间的关键连接点，兴奋性和抑制性反射信号正是在这里相互作用以确定总反应。谢灵顿结合演化论，用突触的观点来看待反射，以解释像小脑和大脑这样主要的脑结构是怎么形成的、为什么会存在。

谢灵顿关于反射和脑功能的新奇观点激发了许多生理学家和神经学家去测试他的大量想法。哈佛医学院的路易斯·威德（Lewis Weed）就是其中之一，他在1914年发表了他“对去大脑强直的观察”。[13]

谢灵顿已经证明，大脑两半球对肌肉有抑制作用，切除大脑两半球会导致肌肉强直。与此相反，威德想弄清楚的是脑或脊髓的哪些区域会对肌肉产生兴奋信号。通过对猫的大量实验，他得出结论，脑的两个部分在保持强直方面起着关键作用：小脑和中脑。小脑接收来自四肢的要求强直反应的脉冲信号，同时也负责传递大脑皮层到四肢的抑制信号；而中脑是给四肢发送强直反应信号的起点。

威德进行他的研究“不仅是出于生理学上的兴趣”，也是因为去大脑强直与许多人类致命疾病（如脑膜炎）中出现的强直非常相似。在威德看来，更好地理解去大脑强直的本质，将有助于诊断和治疗与神经系统有关的疾病。

由于谢灵顿提出了大量有关反射功能的新概念，猫又是常见的被试动物，猫下落过程中的反射不可避免地成为神经科学的研究对象。1916年，已进入约翰斯·霍普金斯大学的威德与同事亨利·穆勒（Henry Muller）一起，首次从神经科学的角度对猫的翻正反射进行了研究。[14]

他们的灵感和动机同样来自去大脑强直现象以及谢灵顿在《神经

系统的整合作用》里的假设：

> 它（去大脑强直）主要影响的是那些对抗重力的肌肉。动物在站立、行走、跑步时，如果没有臀部、膝盖、脚踝、肩部和肘部的伸肌收缩，四肢会承受不住身体的重量而下垂；如果没有颈部的牵缩肌，头部就会下垂；如果没有尾部和下巴的提肌，尾巴和下巴就会往下掉。重力会打乱自然姿势，而正是这些肌肉对抗了重力。重力的作用是连续的，肌肉也必须时刻保持紧张状态。[15]

谢灵顿认为，之所以有的肌肉总是处于强直状态，需要大脑皮层来主动抑制，是因为这些肌肉能让动物对抗重力，保持直立。从生存的角度来看，这是完全合理的：动物捕猎或逃脱捕食者的能力取决于它移动的能力，因此这些肌肉应该一直处于活动状态。谢灵顿认为，神经系统演化出这种反重力的反射，可能是去大脑强直这种现象的起源。

因为猫的翻正反射可能也是一种反重力反射，只是性质不同，穆勒和威德认为，研究这种反射不仅可以验证谢灵顿的假设，也可以阐明翻正反射在神经学上的运作机制。他们的实验并没有拍摄高速照片，他们感兴趣的不是猫翻身时的具体动作，而是找出神经系统引发这些动作的方式。

他们发现，一只除去大脑的猫完全不会翻正反射（也许这并不令人意外），这表明翻正反射需要更高级的大脑功能甚至意识。因此，这是一个复杂的反射弧，更像是疼痛退缩反射，而不是膝跳反射。

更重要的是，穆勒和威德研究了猫是依靠什么感官来决定用何种方式翻身并安全着陆的。他们的实验及后续研究主要关注前庭系统，它是生物体内感知加速的器官。虽然它起作用的部分主要位于内耳，但它有时被认为是与视觉、听觉、触觉、味觉和嗅觉并列的第六感。该系统可以进一步划分为两个不同的部分：监测旋转加速度刺激的半规管和监测直线加速度刺激的耳石。

每只耳朵包含三个互相垂直的充满液体的半规管，可以感知三种旋转运动，即前后翻滚、水平旋转（绕脊椎）、侧身翻转（左右）。头部转动会导致半规管里的液体流动，刺激纤毛，向大脑发送信号，告诉大脑头部转动了。与半规管相邻的是耳石，耳石也通过纤毛的运动来辨别直线加速度。耳石可以进一步分为两部分：水平方向上监测前后、左右加速度的椭圆囊和竖直方向上监测上下加速度的球囊。

穆勒和威德感兴趣的是确定在猫的翻正反射中视觉和前庭系统所起的作用。通过实验，他们发现被蒙住眼睛的猫也可以翻身并准确着陆，没有被蒙住眼睛但前庭系统受损的猫同样可以准确着陆。但如果一只猫前庭系统受损，又被蒙上眼睛，它根本不会做出任何翻身的动作。这些观察表明，翻正反射依赖眼睛及前庭系统，至少需要通过其中某个的感觉才能确定着陆的正确方向。

事后看来，一只被蒙住眼睛的猫居然能翻身实在是惊人。如前所述，根据爱因斯坦广义相对论，下落的猫感觉不到加速度——前庭系统不会被激活，也没有视觉信息来识别自己是否在下落，猫是如何以正确姿势落地的呢？在20世纪初，爱因斯坦的广义相对论并没有引起生理学家的注意，所以答案最终出现的时间要晚得多。

尽管穆勒和威德对猫反射的神经学基础做了一些重要的观察，但他们在证实谢灵顿的反重力假说方面并没有取得任何进展。他们的结论是："记录的结果没有提供任何支持或反对以下假设的证据，即去大脑强直的肌肉反应是身体试图抵抗重力的结果。"

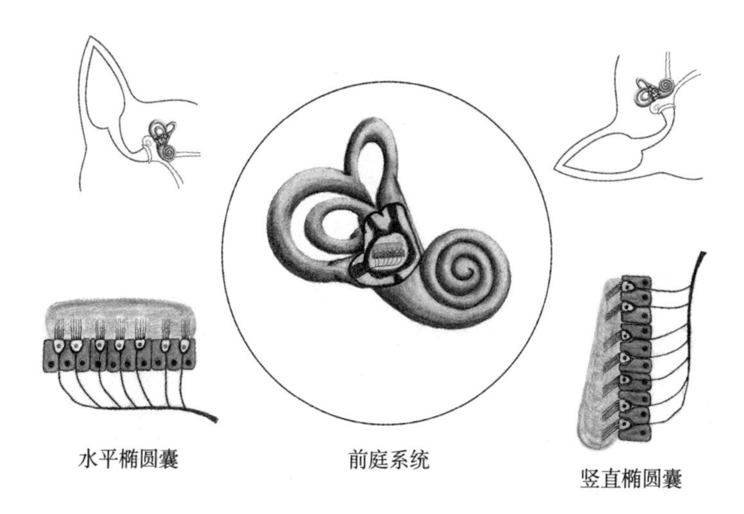

图 7–4 前庭系统示意图：半规管（3 个环状物体）和椭圆囊（水平和竖直方向）

图片来源：莎拉·阿迪。

差不多在同一时期，德国科学家鲁道夫·马格努斯（Rudolf Magnus，1873—1927）也在思考同样的问题。[16]马格努斯在海德堡接受了药理学教育，毕业后也顺理成章地进入这一领域并取得了颇多成果，但在阅读了谢灵顿的经典著作后，他发现自己被反射的生理学研究深深吸引了。1907年，马格努斯在海德堡召开的第7届国际生理学家大会后结识了谢灵顿，1908年复活节假期，他和谢灵顿一起研究动物的身体姿势如何影响其反射。马格努斯对研究反射在保持身体姿势中的作用特别感兴趣，用谢灵顿的话来说，马格努斯想要了解动物是如何在站立、弯曲和行走时保持其反重力行为的。

在接下来的15年里，马格努斯专注于这项工作。他在1924年发表了关于这一主题的经典著作《身体姿势》，并于1925年在伦敦皇家学会做了一场关于动物姿势的演讲，这标志着他对这一课题的研究达到顶峰。为了理解马格努斯感兴趣的反射，回顾一下他自己列出的清单是最好不过的了：

1. 站立反射：为了对抗重力的作用、承受身体的重量，有必要使某些肌肉群，即“站立肌肉”通过反射作用具有一定程度的持久张力，以防止身体倒在地上。
2. 张力的正态分布——在活着的动物身上，不仅这些肌肉具有张力，身体的其他肌肉，特别是站立肌肉的拮抗肌（如屈肌）同样具有张力。在这两组肌肉之间存在一定的张力平衡，因此这两组肌肉的张力既不会太多也不会太少。
3. 姿势——身体不同部位的位置必须彼此协调。如果身体的一部分移位，其他部分也会改变姿势，所以第一次移位将导致不同适应状态的姿势。
4. 翻正功能——如果动物通过自身的主动运动或某种外力使身体脱离正常的休息姿势，就会引起一系列的反射，让它们回到正常的姿势。[17]

马格努斯研究的“翻正功能”最初适用于解释那些让动物保持站立的反射，而不是猫下落时的翻正反射，不过马格努斯很快就将两者联系了起来。他在这项研究中得到了荷兰研究员阿德里安·德克莱恩（Adriaan de Kleijn）和外科医生G. G. J. 拉德马克（G. G. J. Rademaker）

的帮助，两人分别于1912年和1922年加入马格努斯的实验室。他们研究的重要结果之一是发现了马-德二氏颈反射。这是一组由转动头部触发的本体感受性反射：头部转向的一侧肢体收紧，而另一侧肢体放松。这种反射在去大脑强直的动物中表现得最为突出，被认为是翻正机制的一部分：如果动物的头转向一侧，它就会调整肌肉张力，以阻止身体向那个方向下落。学界认为这项发现在反射研究中极为重要，所以在1927年53岁的马格努斯突然去世之前，马格努斯和德克莱恩一直被视为诺贝尔奖有力的竞争者。

马格努斯对颈反射的研究主要是在猫身上进行的，所以接下来自然而然就是要研究猫在自由落体时，颈反射是否在翻正反射中起了作用。1922年，马格努斯在论文《下落的猫是如何在空中翻身的》中发表了他对这一课题的研究。[18]

为了验证自己的假设，马格努斯需要拍摄猫下落的高速照片。虽然对马雷的工作有所耳闻，但他一开始并没有看到马雷的照片，于是只好自己进行拍摄。他从海因里希·埃内曼（Heinrich Ernemann）那里购买了摄像设备，埃内曼是一位企业家，从1904年开始为摄影爱好者生产电影摄像机，当时的摄影设备已经开始商业化。马格努斯发表的照片如图7–5所示。

在论文中，马格努斯描述了这一反射的过程。

> 根据刚才所说的，自由落体的反应与头部的迷路有关，通过这种方式，头偏离了它的正常位置。这种偏离之后是颈反射，身体通过这种方式跟随头部，首先是胸部，然后是骨盆。通过这种方式，动物在空中会有一个从头部开始、速度非常快的螺旋运动。

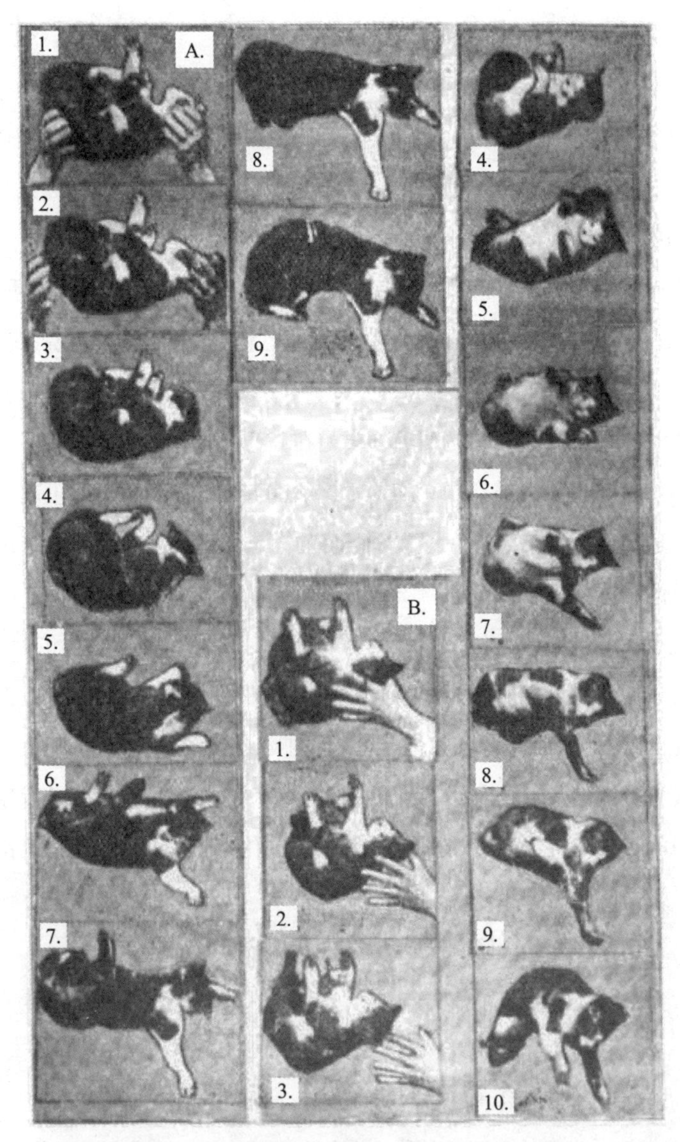

图 7–5 马格努斯拍摄的下落的猫，1922 年

图片来源：大象信任（Hathi Trust）数字图书馆。

简而言之，马格努斯认为迷路（前庭系统的别名）的加速使得猫开始扭头。头的转动引发了马-德二氏颈反射，使得身体的其他部分随之相应转动，从而使得整只猫以类似于螺旋开瓶器的方式旋转，直到翻身到正确的姿势。

马格努斯不是物理学家，我们将看到他对反射的解释违反了两个不同的物理原理：等效原理和角动量守恒。人们要到十多年后才能意识到这一点，但后续的研究结果让人们注意到了猫在下落时做出的一种以前被忽视但至关重要的动作。

1935年，马格努斯的前实验室助理拉德马克和拉德马克现在在莱顿大学生理学实验室的同事J. W. G. 特尔布拉克（J. W. G. ter Braak）发表了这一新的研究成果。[19]拉德马克早在1912年就获得学位，开始了他的外科医生生涯，并于1915年开始在印度尼西亚行医5年。繁重的工作量和热带疾病带来的毁灭性影响给他留下了严重的心理阴影，因此他回到荷兰后选择了转行。马格努斯实验室的生理学工作非常适合他。在那里，他从神经学角度研究了猫和兔子的肌肉张力。他在博士论文中阐明了红核（中脑里的一种结构）在控制姿势中所起的作用。[20]

尽管与马格努斯密切合作，拉德马克却似乎一直困扰于马格努斯对翻正反射的解释。他与特尔布拉克的论文开篇即对此进行了评论：

> 当头不在“正常位置”时，迷路和与迷路类似的反射才会生效，它们是由迷路在重力作用下位置发生变化而触发的。在这些位置变化中，由于重力的持续作用，迷路中的变化会在新的位置继续进行。这些变化会引发迷路反射，使头回到“正常位置”。
>
> 然而，在自由落体中，重力的作用突然消失了。在自由落体

过程中，尽管触发迷路反射的重力影响消失了，但动物的头仍能回到“正常位置”。

两位作者在这里间接引用了爱因斯坦的等效原理。他们认为马格努斯的解释违反了这一物理定律。根据广义相对论，在自由落体中，前庭系统根本感受不到重力。由于头的翻正反射是头在重力作用下触发的，所以这种反射不可能是猫翻身的决定性因素。

拉德马克和特尔布拉克进一步证明了这一点：

当猫被迅速抛下时，它向下移动的初始加速度比自由落体时更大。在这种情况下，在运动的初始阶段，重力对迷路的影响不仅被抵消，甚至被一个相反方向的力所取代。尽管如此，猫也会翻身，而且转动的方向也不会改变。

还有一个证据表明头的位置并不是猫翻身的决定因素：拉德马克和特尔布拉克发现，如果把猫朝上扔出，而且猫头朝上，猫仍可翻身。如果猫自由落体时，翻正反射是由猫颠倒的姿势引起的，那么显然在猫头朝上的时候不可能触发翻正反射。然而，人们发现这时猫也会翻身。

在这种情况下，研究人员并没有完全排除前庭系统的影响，他们只是认为，猫下落时的反射和导致头复位的反射必然来自完全不同的触发方式。

从这些观察中可以看出，自由下落过程中的反射不可能是重

> 力影响下的迷路反射。但在空中的翻身必然是由迷路决定的，那么，必然存在第二种迷路反射，它不是重力导致的，而是基于下落运动对迷路的刺激。

因此，我们有理由认为，是迷路感受到的失重感触发了反射。然而，这并不能解释为什么猫即使蒙上眼睛也知道往哪个方向翻身。拉德马克和特尔布拉克找不到任何解释。

拉德马克和特尔布拉克继续指出了马格努斯的解释与已知物理学定律第二处不一致的地方。他们注意到马格努斯解释猫转动的物理机制，即从头到尾螺旋状的转动违反了角动量守恒。在马格努斯的模型中，猫的各个部分依次向同一个方向转动。但是如果头向右转动，根据角动量守恒，身体必然要相应地向左转动；如果身体向右转动，头必然要相应地向左转动。因此，猫不可能像马格努斯说的那样全身向同一个方向运动。

这两位荷兰作者还发现，马雷和居尤提出的猫的蜷缩—翻正模型也并不令人满意。猫要想通过两步的蜷缩—翻正完全翻转过来，它必须将头旋转180°以上，以抵消身体的反向旋转，这种程度的旋转似乎没有被摄影照片所证实。

批判现有假说可以说是科学中比较容易的部分，提出一个新的假说则要困难得多。幸运的是，拉德马克和特尔布拉克接受了挑战，他们提出了一种今天被称为弯曲—扭转模型的翻身机制。他们首先注意到，到目前为止，所有关于猫翻身的模型都假设猫在翻身过程中保持背部挺直，但照片清楚地表明事实并非如此。简单地说，假设一只猫的身体是由两个可转动的圆柱体组成的，猫腰的连接处可以弯曲并扭转，他们观察到猫弯曲得越厉害，上半身和下半身的旋转就抵消得越多，如图7–6所示。如果灰色的箭头代表了两部分角动量的方向，我们可以看到，一只完全弯曲的猫，它的上半身和下半身的角动量就能完全互相抵消。因此，猫能够以零角动量转动。

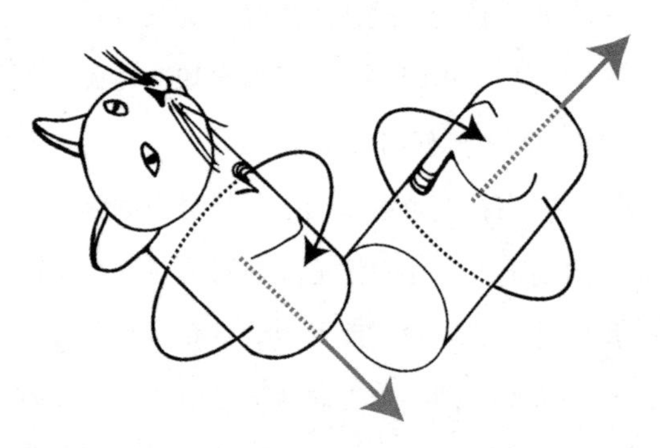

图7–6 拉德马克和特尔布拉克关于猫翻身的弯曲—扭转模型。如果猫的身体是笔直的，身体的两部分将朝同一方向旋转；但如果身体能够弯曲，身体的两部分将朝不同方向旋转

图片来源：莎拉·阿迪。

最简单的方法就是想象一只脚朝上的猫，它的身体是笔直的。然后它弯曲腰部，形成两个平行的圆柱体，这时脸对着后肢，然后开始180°转动。因为猫的净角动量是零，所以猫的方向没有整体的改变，但转动之后脸就变成了背对后肢。当猫再次直起背后，它就是脚着地了。当然，没有一只猫可以在完全弯曲的情况下转动，但如果弯曲程度较小，它可以转动更长时间来弥补它所经历的任何反向转动。

这个模型在物理上与蜷缩—翻正模型不同。在蜷缩—翻正模型中，猫通过改变上半身和下半身的转动惯量，让其中一部分比另一部分转动得更多。在弯曲—扭转模型中，猫通过弯曲腰部让上半身和下半身的转动方向相反，以实现净角动量为零。

作者提供了数学证明来支持他们的假设，还画了一幅滑稽的“热狗”插图（尽管他们画图的目的并不是为了搞笑），展示了不同的肌肉群如何收缩以达到预期的效果。他们绘制的图奇怪地表明，翻身是从猫的背部凹起开始，尽管摄影照片表明翻身是从它的背部凸出、腹部蜷缩开始。

近年来，弯曲—扭转模型被认为是理解猫翻正反射最重要的理论。回顾之前的一系列照片，比如第4章马雷的照片，我们很容易看到弯曲—扭转模型的影子。在马雷拍摄的侧视图中，图4–4上排右起第6张照片清楚地展示了猫弯曲—扭转过程中的场景。如图6–2所示，弗雷德里克森拍摄的无尾猫的照片中，上排左起第3幅和第4幅图也显示出这一姿势。同样的动作还可以在拉德马克和特尔布拉克自己的一些照片中看到。

拉德马克和特尔·布拉克的论文并不是这一课题的最终结论，但它介绍了猫实现其非凡壮举的一种主要机制。

然而，这样一个问题仍然存在：当猫开始自由落体时，它是如何知道自己在下落的？广义相对论表明，猫在自由落体时不会感受到重力，因此前庭系统无法确定方向；这也不是通过视觉实现的，因为被蒙住眼睛的猫仍然可以正常翻身。

英国生理学家贾尔斯·布林德利（Giles Brindley，1926—）认为剩下的唯一可能性是，动物对向下的方向保持一种反射性记忆，并利用这种记忆本能地确定着陆的方向。20世纪60年代，为了验证自己的假设是否正确，他对同样具有翻正反射的兔子进行了一系列特殊的测试。

图 7–7　布林德利正在演奏逻辑巴松管，图片来自布林德利《逻辑巴松管》图 19

图片来源：加尔平协会。

布林德利可谓科学界的另类。[21]20世纪60年代，除了生理学研究，他还发明了自己的电子乐器——逻辑巴松管（图7–7）。

根据两篇会议论文，在兔子实验中，布林德利在一开始给兔子施加了一个加速度，让它以为重力方向发生了改变。[22]然后，研究者把兔子扔出，看看它是向地面翻身，还是向加速度的方向翻身。

会议论文没有提供太多实验仪器的细节或照片，所以我们只能推测实验的具体实现方式。

第一个实验是将兔子放在盒子里，盒子悬挂在倾角13°6′的轨道上，先被弹射到顶端，再沿斜面滑到底部。当它落到斜面底部时，盒底会打开，释放兔子，这时摄像机将拍下兔子下落时的翻正反射。

兔子感受到的弹射加速度持续了0.3秒，在斜面上先向上运动再向下运动持续了8.0秒，这期间盒子是倾斜的，这时兔子感受到的重力相当于有一个13°左右的夹角。我们假设兔子开始下落和结束时的姿势是水平的，那么可以认为兔子经历了一段时间的倾斜重力场，但是在释放之前重力场的方向突然改变，在这种情况下，兔子在下落时会发生什么？布林德利的结论如下：

> 第9秒时盒子底部自动打开，兔子下落150厘米（0.553秒）到垫子上的过程会被拍照。整个下落过程中它们的姿势都相当于有13°左右的倾角。相反，如果把它放置在13°6′斜面上，让它以同样的姿势直接下落，它在空中下落不到30厘米就可以翻正。

换句话说，兔子改变身体朝向不是基于下落瞬间的重力场，而是基于下落前几秒的重力场。事后看来，这是有道理的：动物下落时，由于它会乱动，而且可能会受到围栏、墙面等固定物体的推力或弹力，它可能会受到各种力。记住最近一段时间的重力方向比记住下落瞬间的方向更可靠。

但布林德利的研究还没结束，他接下来将兔子放进了“自动小车”中。

> 把同样没有轮子的盒子安装在小车上，兔子和之前一样放在盒子里。小车以32千米每小时的速度直线运动30秒，然后突然保持这个速率转入直径为50米的圆形轨道，这样兔子会突然受到一个与垂直方向夹角17°51′的引力场作用。10秒后盒子打开，摄像机记录了兔子下落80厘米（0.404秒）到垫子上的过程。结果显示，兔子在整个下落过程中身体姿势都相当于有18°左右的夹角。

在“自动小车”实验的圆形轨道上，兔子感受到一种离心力，使其感觉好像重力方向向圆外面偏移了。和之前一样，兔子的下落是根据它之前感受到的重力方向，而不是竖直方向。

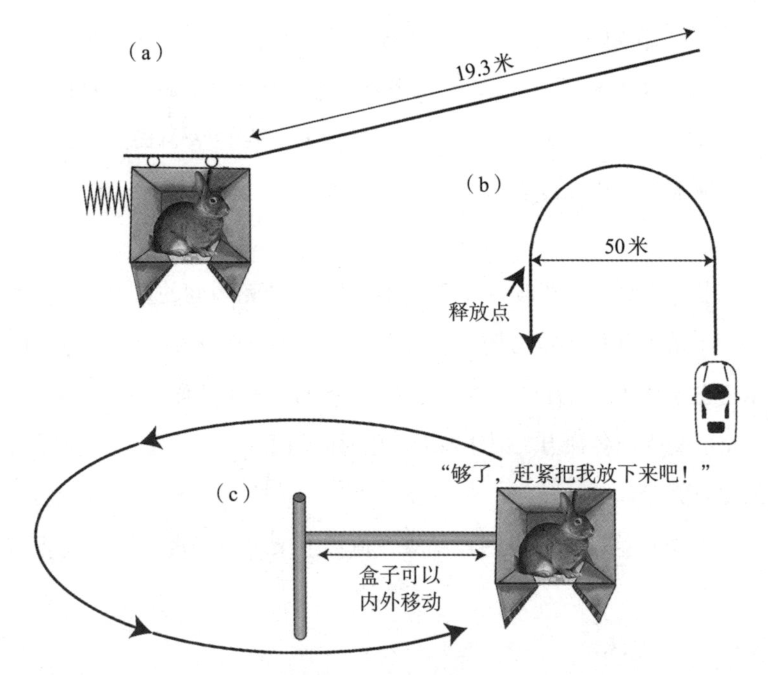

图 7-8 布林德利关于兔子的实验。(a)“弹射兔”；(b)“车兔”；(c)“离心兔”

图片来源：由莎拉·阿迪根据本书作者对实验过程的推测绘制。

据后来的记录，这个实验是在达克斯福德机场一条废弃的跑道上进行的。布林德利的妻子希拉里负责开车，他自己负责摄影。[23]

布林德利在第一篇会议论文中讨论了上述两个实验。在第二篇论文中，他提到了另一项测试：在离心机中旋转的兔子。

> 把兔子放在一个装有弹簧开关的盒子里，盒子安装在离心机上，离心半径105厘米（这一兔子的“旋转木马”由剑桥大学工程实验室提供）。离心机提供一个与垂直方向夹角30°的重力加速度。1/2分钟或更久后，盒子被迅速拉向离心机轴心，在0.25~15

> 秒后盒子开关被打开……那些在离心半径改变之后不超过1秒开始下落的兔子通常下落姿势倾斜角度很大，大致相当于根本没有往中心移动，而如果从离心半径改变到被释放的时间间隔中等，兔子的姿势倾斜程度也中等。

从布林德利所有的实验中得出的结论是，兔子（可能还有猫）有一个“记忆库”，大约能记住下落前6~8秒的重力方向，然后根据记忆库中的数据调整下落姿势。换句话说，在重力方向发生巨大变化后，动物通常需要6~8秒才能完全适应。据推测，即使是蒙上眼睛，前庭系统里监测旋转的半规管仍可追踪动物相对于记忆库的重力旋转了多远。

尽管我们仍不清楚猫和兔子的中枢神经系统是如何准确地控制各种感官输入信号和反射动作，以进行可靠而准确的翻正反射的，但布林德利已经圆满地解释了这些动物的行为是如何遵守爱因斯坦广义相对论的。从爱因斯坦理论的提出到布林德利解开这个谜，大约经过了45年的时间。

应该注意的是，在布林德利的实验中，兔子所受重力方向的变化越来越大，从13°6′到17°51′再到30°。在第二篇会议论文中，布林德利提出了一个更极端的实验，兔子被放在突然降落的飞机中，重力方向的改变为40°。这一实验似乎一直没有真正实施，可能是因为美国空军为了将人送入太空已经用猫做了类似的实验。

太空中的猫

大约在1960年，美国俄亥俄州代顿市赖特–帕特森空军基地的航天医学研究实验室制作了一部电影，以突出展示他们在保证飞行员安全和研究失重对人类影响方面取得的进展。[1]其中一个场景是，人、猫和鸽子被带上一架改装过的C–131运输机，制作方希望展示他们的失重状态以娱乐观众。猫在正常的重力下可以游刃有余地翻身，但在失重状态下，它们会失控打滚，不确定哪个方向朝上。同样的事情也发生在鸽子身上，而人类宇航员的表现要好很多，可能因为他们受到专门的训练。

可以说，这部电影是空军早期研究失重对生物影响的高光时刻，到那时，这项研究已经进行了将近10年。因为它们天生的翻正能力，猫不仅在这项研究中发挥了关键作用，而且当美国航空航天局（NASA）试图确定太空中宇航员改变身体朝向的最佳方式时，猫在其中也发挥了重要作用。显然，当人类向星辰大海迈出第一步的时候，猫可以教给人类很多东西。

人类与猫的太空之路最早是在20世纪20年代，由一小群理想主义的火箭爱好者在德国开启。[2]这些梦想着太空飞行的爱好者热情很高，但是缺少资金和设备。他们的尝试在20世纪30年代初引起了德军的注意，因为火箭似乎可以为当时德国当局的政治问题提供解决方案。第一次世界大战后签署的《凡尔赛条约》禁止德国建立重要的军事力量或常规军事装备，但因为火箭在“一战”期间还没有被用作武器，它没有被列入禁止清单。基于这一漏洞，德国可以在不触怒欧洲其他国家的情况下，发展一种新型的远程攻击手段。观看了爱好者们的火箭测试后，德国军队为许多火箭专家提供了工作，包括著名（虽然在大多数人心目中是恶名）的韦恩赫尔·冯·布劳恩（Wernher von Braun）。研究由此开始，并伴随着第二次世界大战期间可怕的V–2火箭袭击伦敦事件达到高潮。

冯·布劳恩和他的同事们主要感兴趣的是太空探索而不是武器，但纳粹政权在这个问题上没有给他们太多选择：要么加入纳粹党，要么去死。他们选择了加入纳粹党，并继续发展火箭技术，直到纳粹战败、“二战”结束。美国人和苏联人都注意到了这项新技术的巨大潜力。在战后的一片混乱中，这两个国家都急忙招募尽可能多的德国火箭科学家。苏联人在这场“飞行俱乐部行动”中一举完成了大部分工作：1946年10月22日，他们用枪威胁，从苏联占领的德国地区“招募”了大约2 000名德国科学家加入他们的火箭计划。与之相似的美国回形针行动则历时更长，从1945年一直持续到1959年。一开始，大部分科学家被安置在联邦德国接受监控、询问，最终才和家属一起移民到美国参与太空计划。冯·布劳恩和他的同事在得知希特勒的死讯后立即寻求美国军队的庇护，当年年底，他就移居到了美国。

这些人中有弗里茨·哈伯（Fritz Haber, 1912—1998）和海因茨·哈伯（Heinz Haber，1913—1990）兄弟，他们于1946年移居美国。“二战”期间，航空工程师弗里茨·哈伯曾在德国的容克斯飞机公司工作，他设计了一种把导弹背在飞机上运输的方法，类似的系统最终被应用于一架改装过的波音747上，以运输美国航天飞机。物理学家海因茨·哈伯在战争期间是纳粹德国的空军侦察飞行员。到美国后，兄弟俩被分配至得克萨斯州伦道夫空军基地的美国空军航空医学学院，该机构后来成为太空医学部的一部分。奇怪的是，他们很大程度上偏离了各自之前的专业，转而专注于生理学，尤其是研究失重对人体的影响。

航空医学学院的历史可以追溯到1918年。由于在“一战”中飞机开始投入使用，人们需要了解飞行员可能遇到的医疗状况，该学院正是为此而建立。太空医学部正式成立于1949年，主要研究太空旅行中可能出现的医疗问题。“太空医学”一词最初是由德国科学家胡贝图斯·斯特拉霍尔德（Hubertus Strughold）于1947年创造的，他也是通过回形针行动来到美国的，后来成为太空医学部的首任主任。

尽管现在宇航员在太空长期停留已经是司空见惯的事了，但是在20世纪40年代末，研究者仍无法预测失重会对人的生理产生什么影响。[3]重力在我们的生活中无处不在，早期的研究人员并不清楚我们的生理过程的正常动作在多大程度上依赖于这种恒定的力。正如1951年海因茨·哈伯在一篇杂志文章中写的那样：

> 在大多数关于太空旅行的讨论中，这种失重状态对乘客的影响都被忽视了。失重让人联想到一幅令人愉悦的画面——完全不受力的情况下在太空中自由漂浮，这似乎是舒适甚至有益的。但

> 它不会像看上去那么无忧无虑，很可能大自然会让我们为自由漂浮付出代价。
>
> 地球上没有任何经验可以告诉我们失重到底是什么样子。的确，从跳水板上跳下时的一瞬间近似于理想自由落体时的失重状态，但它只能持续那么一瞬。[4]

在失重状态下，人类会受到什么样的负面影响呢？海因茨·哈伯和他的同事奥托·高尔（Otto Gauer）预计，呼吸系统和心血管系统可能相对而言受影响较小。不过他们担心，在长期失重状态下，提供关于身体各部分状态和方向的重要信息的本体感受器可能会失灵。视觉系统和前庭系统同时提供的定位信息会发生冲突，这可能会导致极端的定向障碍或无休止的晕动病。肌肉中的本体感受器同样值得关注。由于人体实际上已经习惯了在承受恒定的重力时正常工作，在失重状态下将不适应，这会令太空旅行者的每一个动作都过于夸张。如果这些假设得到证实，人类在太空的未来将会受到严重的限制。[5]

然而，太空不是唯一需要考虑的问题。随着“二战”期间喷气式飞机的出现，飞机的飞行速度比以往任何时候都要快，飞行高度也比以往任何时候都要高，可以飞到空气阻力可忽略不计的地方。在这种情况下，任何无动力滑翔的飞机都将处于自由落体状态，飞行员也将处于失重状态。因此，太空医学研究也适用于地球上的情况。

研究这些课题的最大困难是，在地球上无法获得持续的失重状态。正如哈伯所指出的，从跳水板上跳下来，只有开始一瞬间才会产生真正的失重状态。跳伞也是如此：即使你从热气球上跳下来，也只有几秒钟的时间可以接近真正的失重状态，之后空气阻力会给人一种“受到向下的力”的感觉。

创造一种持续失重状态的一个选择是使用落塔，这是一种从高处自由下落的电梯，在落地前减速。但是这样的塔高度有限，最多只能给乘客几秒钟的失重状态。哈伯兄弟在1950年提出了一个更好的解决方案：采用沿抛物线轨道飞行的飞机。[6]

如图8–1所示，根据广义相对论原理，任何在重力场中自由运动的物体都处于失重状态。乘客在以适当的方式飞行的飞机上可以近似达到这种状态。飞机首先加速进入上升轨道，在此过程中，乘客会感受到比平常更大的重力。然后，飞机降低推力，就像抛给朋友的棒球那样沿抛物线轨道飞行。飞行员必须保持一定的推力来刚好抵消飞机所受的空气阻力，否则会让乘客仍感觉受重力作用。在飞机向下加速后，为防止坠机，飞行员不可避免地必须从俯冲状态拉高，再次让乘客承受更大的重力。如果需要，这个过程可以重复，整个飞机的轨迹就像过山车的轨道一样起伏。[7]

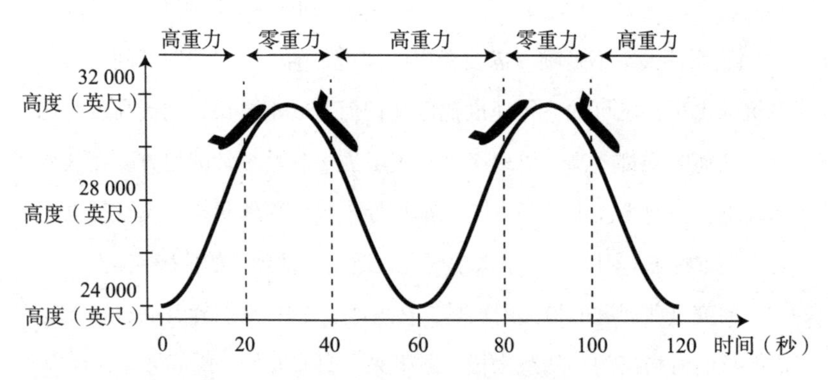

图8–1 为了实现失重，飞机沿抛物线轨迹运行

图片来源：作者绘制。

这一计划很快得到实施，一些大胆的试飞员首次尝试了持续的失重状态。1951年夏天，爱德华兹空军基地的试飞员斯科特·克罗斯菲尔德（Scott Crossfield）在上升和下降过程中都产生了失重状态。虽然他注意到在向失重状态过渡的过程中自己会产生一种“迷惑”的感觉，但他很快发现，在第5次飞行之后他已经适应了这种感觉。他还注意到，他在失重状态下伸手去触碰仪表盘上的开关时，经常会摸错位置，这在一定程度上证实了高尔和哈伯对本体感受器功能失调的担忧。[8]两年后，克罗斯菲尔德成为第一个以两倍音速飞行的飞行员并以此闻名。

1952年，空军试飞员查克·耶格尔（Chuck Yeager）做了类似的飞行，同样注意到自己有点儿迷失方向的倾向，在下落向失重状态过渡阶段感觉尤为明显，失重时也会有“定向失调”，但当重力恢复时方向失调的感觉就消失了。[9]耶格尔因在1947年成为第一个在飞行中突破音障的飞行员而闻名。

第一项关于失重对人体影响的系统研究是在赖特–帕特森空军基地航空医学实验室进行的。1949年，斯特拉霍尔德搬到该实验室后，该实验室成为另一个主要的航天医学中心。[10]在这项研究中，研究者对洛克希德公司的一架F–80E流星战斗机进行了改装，在飞机的机头安装了一个可以俯卧的床。驾驶员可以在床上或传统的驾驶座上操纵飞行。虽然实际上飞行员可以躺着驾驶这架飞机，但似乎标准做法是让测试对象躺在床上，由飞行员坐在驾驶座上控制飞行。

常规飞行包括8~10次低重力抛物线飞行，每次平均持续15秒。在失重期间，被试需要完成各种协调任务，如摇头和伸手拿东西。被试完成得很好，方向失调的感觉很小，心率和心电图监视器也没有显示出明显的变化。被试确实感觉，如果自己被束缚在椅子上，并有一个视觉参照来抵消前庭感觉，有助于他们保持方向感。一个被蒙住眼睛自由漂浮的人可能仍然会遭受严重的定向失调。

失重并不是研究人员唯一关心的问题。在任何有计划的火箭太空飞行中，宇航员都会经受极高的重力，这可能会导致宇航员受伤甚至死亡。因此，在战斗机床上的被试也受到了几倍于重力加速度g的极端的加速度，并被要求描述他们的感觉。不过，高加速度测试在地面上就可以相对容易地进行，使用火箭滑车可以加速到极限速度，然后突然减速。这种实验始于1947年，一直持续到20世纪50年代，其中最著名和参与次数最多的人是空军上校约翰·斯塔普（John Stapp），他在1954年12月10日乘坐火箭滑车达到632英里每小时（约1 017千米每小时），并在减速时经历了46.2倍重力加速度的加速度。这个测试同时使斯塔普成为最高加速度和最高陆地速度的纪录保持者，他被称为“地球上最快的人”。他的工作促成了战斗机安全带和座椅的重大改进。有点儿惊人的是，虽然斯塔普对自己的身体可谓是极端虐待，他还是活到了89岁，于1999年在家中平静离世。

高重力实验在20世纪50年代很普遍，但低重力效应才是未来太空旅行最大的未知因素和需要担忧的事。人们不可避免地要用动物来做这样的实验。将火箭用于动物实验，是综合考虑持续时间和安全性后的折中。飞机上的乘客经历的失重时间不能超过20秒，而火箭可以飞得更高，保持抛物线轨道的时间更长，可以提供几分钟的失重状态。由于火箭飞行是一项新技术，而且风险大得惊人，所以人体实验是不可能的，动物实验是自然而然的结果。

在这些测试中，研究者使用了两种类型的火箭。美国空军仍然使用冯·布劳恩的德国V–2火箭，但该火箭造价昂贵。军方在20世纪40

年代末与航空喷气公司签订了合同，研究制造一种性价比高的替代产品——空蜂火箭（Aerobee）。1948—1952年，5枚V–2火箭和3枚空蜂火箭从新墨西哥州的白沙试验场发射，进行一项初步的研究，所有实验中的被试都是猴子和小鼠。这些猴子被麻醉后连接到监视器上，研究者通过无线电在飞行的各个阶段追踪它们的生命体征；在一些飞行中，小鼠也被连接到监视器上，在另一些飞行中，摄像机将拍摄小鼠在失重下漂浮的状态，以观察它们的反应。[11]

事实证明，研究者对安全的担忧是有道理的。5枚V–2火箭全都没能成功打开降落伞，第一枚空蜂火箭也是如此，第二枚虽然安全着陆，但由于未能及时返回基地，导致灵长类动物因中暑而死亡。只有在第三枚空蜂火箭飞行中，所有的动物都安然无恙。当然，所有的火箭均使用无线电传送重要的信号，并且有外壳坚固的摄像机来拍摄电影片段，所以尽管有的火箭坠毁，也留下了重要的数据。

这些动物实验证实了在早期研究中已经发现的现象，以及高尔和哈伯提出的假设：动物的心血管系统和呼吸系统不受失重状态的影响。小鼠的影像片段显示，自由漂浮的动物在某种程度上失去了方向感，但那些已在稳定表面上获得立足点的动物则似乎没有受到干扰。这与人类被试在零重力飞行中的观察结果一致：显然，有一个固定的表面或座位的支撑可以显著减少与失重相关的迷茫感。研究人员在飞行中使用前庭系统完好和受损的小鼠来比较它们的反应，前庭受损的小鼠此前在地面上已经适应了在没有运动感觉的情况下生活并协调动作。研究发现，在失重环境中，前庭受损的小鼠似乎比未受损小鼠感觉更舒适。研究人员推测，前庭未受损的小鼠是由于前庭感觉到了突然的变化而不知所措，而前庭受损的小鼠感觉不到变化，因此能很快适应。

这些观察结果在第二年的一系列重要实验中得到了证实，不过这一次，这些实验并不是在美国而是在阿根廷进行的。研究人员哈拉尔德·冯·贝克（Harald von Beckh）1917年出生于奥地利维也纳的一个内科医生家庭，他延续了这个家庭的传统，于1940年获得了医学博士的头衔。[12]1941年，他在柏林成为航空医学学院的讲师，同时担任飞行员和飞行外科医生。在纳粹政权倒台后，冯·贝克意识到在德国继续研究飞行是不可能的。他先到了意大利热那亚，然后前往当地的阿根廷领事馆，请求去布宜诺斯艾利斯继续他的工作。

冯·贝克对研究失重环境下的方向感和肌肉协调性很感兴趣，南美洲为他提供了完美的动物实验对象：阿根廷蛇颈龟（拉丁学名*Hydromedusa tectifera*）。冯·贝克概述了它们适合实验的行为特性：

> 这种龟似乎特别适合研究定向行为和肌肉协调，因为它们在水下寻找食物的过程中能以超常的速度和技能向各个方向移动。蛇颈龟属于极其贪婪的水龟。在正常重力条件下，即地面上或是水平飞行的飞机上，它们都像蛇一样攻击食物，把它们的S形脖子准确地伸到诱饵上。它们还会从另一只动物的嘴里抢肉吃。事实上，当它们饿了的时候，它们会把其他龟嘴里的诱饵抢出来。[13]

因此，阿根廷蛇颈龟天生拥有一种能力，能向各个方向准确出击，而且它们的积极性很高，所以它们成了协调性测试的理想对象。有一只特殊的乌龟更是给冯·贝克创造了绝佳的实验条件。由于意外地被人在过热的水族馆里放了好几天，这只乌龟丧失了前庭功能。起初，它很难准确地捕食猎物，但它逐渐恢复了功能，三周后就能正常进食了。冯·贝克的结论是，这只乌龟的前庭遭受了永久性的损伤，但它又适应了用视觉来定位。这只乌龟正适合用来和没有受伤的乌龟比较对失重的反应。

图 8–2 阿根廷蛇颈龟

图片来源：*Daiju Azuma*/维基共享资源/CC BY-SA 2.5。

乌龟被放在一个装满水的圆形开口瓶中，搭乘两座喷气式飞机进行实验。在零重力阶段，研究人员将肉固定在钳子上喂食给乌龟，并对它们出击的准确性进行了评估。值得注意的是，零重力飞行从来都不是绝对的，飞机上的开口瓶中的水会产生一些有趣的现象。冯·贝克描述说："在从水平飞行向竖直飞行的过渡阶段，飞机短暂地产生了负的加速度。在这个时候，水（偶尔还有水中的动物）会向上运动，高过瓶口，呈二三十厘米高的卵形吸盘状。而当瓶子上升到同样的高度时，大部分水又会流回来。"

冯·贝克发现前庭功能正常的乌龟就像之前在美国进行的火箭实验中的正常小鼠一样，很难找到提供给它们的诱饵，而前庭受损的乌龟表现得和在地面上一样好。正如哈伯和高尔之前指出的那样，前庭功能未受损的动物显然被来自视觉和前庭系统相互冲突的信息弄糊涂了，受损的动物则不会有什么信息冲突。经过二三十次飞行，前庭功能未受损的乌龟的捕食能力逐渐提高，这表明人类在经历了最一开始的不适应之后，也能适应失重环境并正常活动。

冯·贝克还在失重飞行中测试了人类的协调能力。在失重时，被试需要在纸上的方框里画叉号。除了在失重状态下闭上眼睛的情况以外，被试表现得都相当好（图8–3）。这一结果与早先的观察结果一致，即猫和人都是通过前庭系统和眼睛的合作来协调动作的。当两种感觉都被移除时，被试就会迷失方向。

科学家在自由落体环境中对动物进行了如此多的研究，有点儿让人意外的是，猫很晚才加入被试的行列。最终在1957年，另一个被回形针行动招募的德国人西格弗里德·格拉特沃尔（Siegfried Gerathewohl）与伦道夫航空医学院的飞行员马霍尔·赫伯特·斯托林斯（Major Herbert Stallings）合作，一同对猫在失重状态下的飞行进行了研究，他们在如下这段文字中描述了研究动机：

> 从实际角度出发，需要考虑的是在低重力和零重力状态下，猫是如何产生翻正反射的。当它脚朝上时，它是会翻身还是保持原状？它是否需要一段时间来调整和适应？视觉定向这样的系统将如何影响反射的功能？寻求这些问题的答案不仅是为了满足我们自己的好奇心，也是为了阐明耳石在失重状态下的作用。[14]

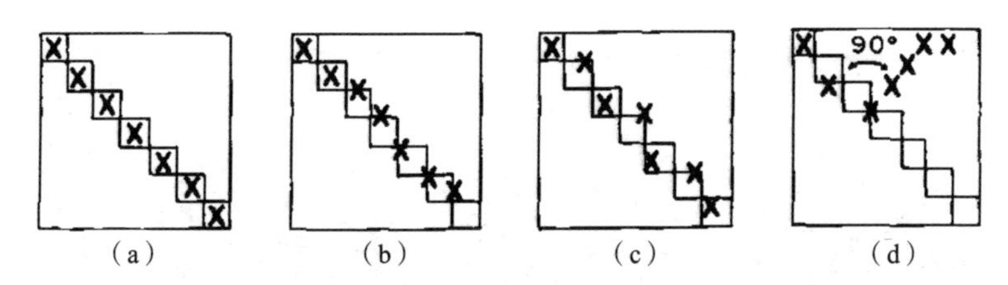

图 8-3 画叉测试:(a)水平飞行，眼睛睁开;(b)水平飞行，眼睛闭上;(c)无重力下，眼睛睁开;(d)无重力下，眼睛闭上

图片来源：格拉特沃尔《无重力状态下的物体》，经授权使用。

关于失重状态，有一个重要的问题仍然没有解决：在没有固定座位或其他固定支撑点的情况下，失重的人会怎样？研究人员尚未使用大型运输机进行失重测试。退而求其次的办法是把小动物带上更小的飞机。共有8只猫被带上了飞机：4只3周大，两只大约8周大，还有两只大约12周大。所有的猫的表现并不相同。事实上，最年幼的猫根本没有表现出任何翻正反射。研究人员得出结论，猫的这种反射形成于第4周至第6周间。

在实验中，猫以脚朝上的姿势被人拿着，在失重后不同时间内被释放：1秒、5秒、10秒、15秒、20秒和25秒。摄影机记录下了猫对失重的反应。用于实验的飞机是T–33或F–94训练战斗机，实验制造了一些猫漂浮在戴氧气面罩的飞行员面前的超现实画面，也给战斗机飞行员制造了新的危险。

研究表明，在失重后5秒内释放的猫非常擅长翻身。失重状态持续时间变长，猫翻身的成功率会下降，失重后15~20秒，猫翻身失败的次数高达50%。被蒙住眼睛的猫在失重状态下失败的次数更多，需要调整的时间也更长。这些结果似乎与布林德利20世纪60年代所做的兔子研究一致，后者表明翻正反射与“记忆”有关。

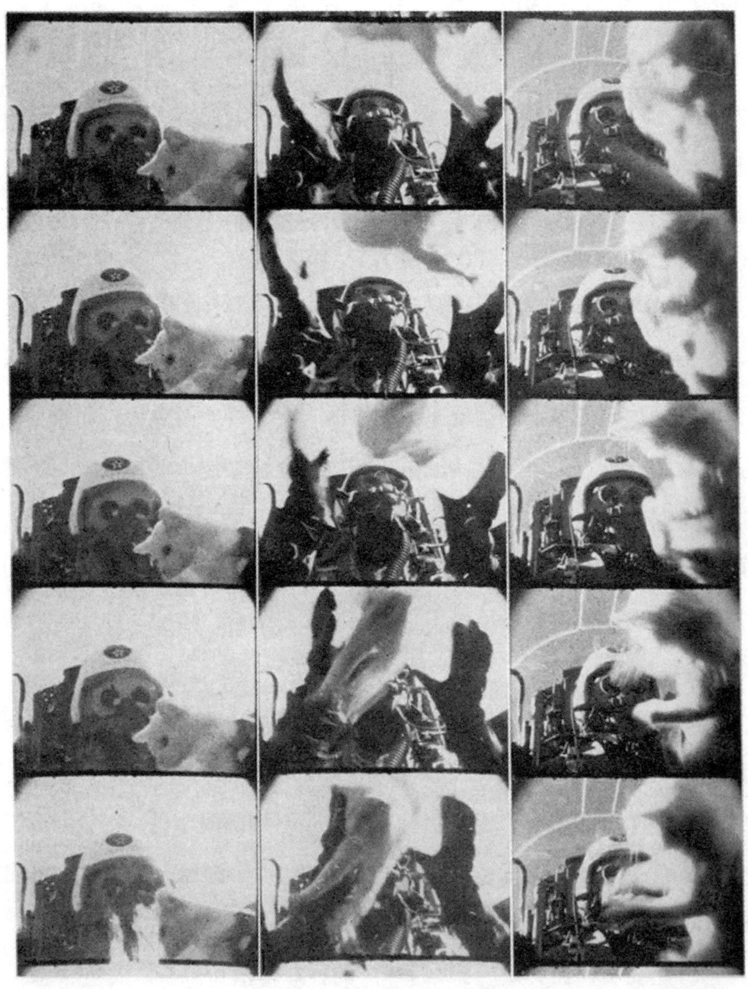

（a）实验之前，猫在T-33战斗机上。（b）进入失重状态后猫迅速翻身。（c）延迟反射：猫需要一段时间之后才缓慢翻身。

图 8-4 猫在战斗机中进行零重力实验的系列照片

图片来源：格拉特沃尔和斯托林斯《复杂的姿势反射》，经授权使用。

格拉特沃尔和斯托林斯在他们的研究中得出的一个重要结论是，他们认识到耳石（前庭系统中检测线性运动变化的部分）受到加速度变化的影响要大于加速度本身。也就是说，恒定的加速度对耳石的影响不如开始加速或加速度消失时大。他们还做了一些额外的实验，观察猫对负重力加速度的反应，观察结果是，负重力加速度使猫飘向了驾驶舱的天花板。两只成年猫在这样的重力方向下都可以翻身，其中一只甚至“站在”天花板上。

几年之后（1961年），美国新墨西哥州霍洛曼空军基地的格罗弗·朔克（Grover Schock）也对猫和失重状态进行了类似的研究。[15]这项通过迷路受损动物和未受损动物的对比，证实了先前的结果，即已经适应前庭系统受损状态的动物似乎在失重环境中表现得更好。

1957年格拉特沃尔和斯托林斯的研究可以说是对动物失重状态的最后一次重大研究。这一年，发生了两个重大事件，改变了这类研究的性质。首先是C–131B运输机开始用于模拟失重状态。[16]这架飞机的正式名称是“失重奇迹”（Weightless Wonder），但很快就被乘坐过的人称为“呕吐彗星”（Vomit Comet），它可以搭载多名乘客，在失重的情况下持续15秒。自此，人类可以体验和研究失重状态，而无须通过中介推断失重对人的影响。

C–131B飞机消除了人们对失重反应的大部分担忧和疑虑。正如E. L. 布朗（E. L. Brown）所描述的那样：“几乎所有人体验零重力的时候都会感到兴奋。这是一种非常愉快的体验，非常放松。对于新手来说，这些愉快的感觉有时会被极度的恶心所打断，但这是因为在达到零重力前要经历2.5倍重力加速度的突然加速，并不是零重力会引起恶心。”[17]

这种刺激的感觉可以在当代的照片中看到，如图8–5所示。早年赖特–帕特森空军基地关于“失重奇迹”上猫失重状态下四处游荡的片段也被拍摄了下来。

图8–5　太空医学实验室生理学小组的玛格丽特·杰克逊女士是首位进行零重力测试的女性，她正在摆出自己的造型

图片来源：布朗《零重力下人类表现研究》。

第二个改变研究的事件是1957年10月1日苏联发射第一颗人造卫星——斯普特尼克1号。这震惊了西方世界，促使美国军方对太空竞赛特别是载人航天领域的投入增加了一倍。如果失重带来的任何不良影响存在的话，都将在这个过程中得到解决：美国人将进入太空，而且越快越好。1958年7月29日，艾森豪威尔总统签署了建立NASA的法案。“水星计划”于1958年10月7日获得批准，其目标是将人类送入轨道并安全返回，并且最好是在苏联之前。1961年4月12日，苏联航天员尤里·加加林完成了绕地球一周的任务，美国虽然没有赶在苏联之前，但也紧随其后：1961年5月5日，宇航员艾伦·谢泼德（Alan Shepard）完成了美国首次亚轨道飞行；1962年2月20日，约翰·格伦（John Glenn）围绕地球飞行了三圈。太空竞赛真的开始了。

随着对太空生物的生理学研究从理论阶段转向实践阶段，这一领域的多位早期发起者转入了其他领域。弗里茨·哈伯进入私营企业，1954年加入了阿夫柯–莱卡明公司，他在那里与人共同开发了第一批燃气涡轮发动机。他后来被提升为负责欧洲业务的副总裁。

弗里茨弟弟海因茨的职业变化更为惊人。20世纪50年代中期，他成为华特迪士尼公司的首席科学顾问，并与他们一起参与了许多科普项目，包括1957年迪士尼著名的电视连续剧《我们的朋友原子》（*Our Friend the Atom*），歌颂原子能的正面影响。他接着写了一本关于该剧集的书，以及其他一些科普图书。

1962年，斯特拉霍尔德成为NASA航空航天医学部的首席科学家，他参与了双子星座计划和阿波罗计划的压力服和生命支持系统的设计。由于他的成就，他被称为“太空医学之父”，但人们怀疑他在“二战”期间参与了达豪集中营的人体实验，他终身都被这些怀疑的声音所困扰。斯特拉霍尔德在伦道夫空军基地太空医学部成立10周年纪念活动上发表了演讲，这或许是对他早年参加美国军方研究的最好总结：“我们的工作并不总被外界重视。人们听说了我们的工作，只会笑着摇摇头。对他们来说，我们仿佛是疯子或者野蛮人。幸运的是，一开始研究规模很小，费用也不贵。”[18]

猫在太空研究中的作用并没有随着人类进入太空而结束。研究人员认识到，在失重环境中行动本身就存在挑战。例如，一个宇航员在没有任何角动量的情况下，如何能自由地改变身体朝向？猫的翻正反射是这类动作中唯一经过充分研究的案例，因此它又重新引起了人们的注意。

空军研究人员与受训的水星计划宇航员共用“呕吐彗星”来测试各种行动策略，他们评估了许多纯工程的解决方案，效果有好有坏。例如，失重状态下被试使用磁鞋可以在C–131B飞机的天花板上行走。在调整磁铁的强度，使被试易于行走的过程中，研究人员遇到了很多困难。如果磁性太弱，被试很容易从金属天花板上掉下来；如果磁性太强，被试就会被牢牢地粘在天花板上。对于未来在太空飞行器外的运动，研究人员则引入了一种气动推进装置，它包含一个背在身上的压缩空气罐，通过软管连接到一个可以在任何方向上提供推力的手动喷嘴，穿着飞行服、带着这些装置的军事人员看起来很像电影《捉鬼敢死队》（*Ghostbusters*）里的人物。为了防止在太空中连续翻滚，研究人员试图利用角动量守恒定律：被试身上背着一个旋转的轮子，把它当作陀螺仪来保持方向稳定，就像自行车在轮子不断旋转时更容易保持直立一样，这些陀螺仪可以防止宇航员不受控地旋转。

但是宇航员也需要在没有任何特殊设备的情况下控制自己的行动。因此，研究人员更感兴趣的是猫翻身的力学原理，而不是生理学机制。20世纪60年代早期，代顿大学的研究人员与赖特–帕特森空军基地的一名科学家合作，确定了宇航员仅通过身体运动来改变身体朝向的一系列策略。1962年，他们在一份漂亮的技术报告《失重的人：自转的技术》（*Weightless Man: Self-Rotation Techniques*）[19]中公布了他们的研究结果。在这份报告中，研究人员为宇航员提供了9种改变方向的技术，针对三维空间中的每个旋转轴，都有相应的技术：Z轴旋转是以脊椎作为中心轴的旋转，宇航员像花样滑冰运动员一样旋转；Y轴旋转即前后翻滚；X轴旋转即侧身翻转。

这些技术的名字都很古怪，之所以选择如此命名，是因为“这样太空人员就能很快地掌握和理解它们了”。完整的行动列表如下：

（Z.1）猫反射

（Z.2）弯曲—扭转

（Z.3）套索

（Z.4）大风车

（X.1）信号旗

（X.2）伸展—转身

（X.3）弯曲—扭转

（Y.1）双风车

（Y.2）摸脚趾

对这些动作的表述描绘出了失重宇航员的有趣画面。例如，“双风车”是这样的：“零重力下连续的旋转运动已经成功实现了。下一步很简单，腿脚收拢盘起，手臂伸出平行于Y轴，同时转动手臂，划出圆锥形的轨迹。”

我们最感兴趣的是列表中的前两个动作。事实上，“猫反射”居于首位，就暗示了猫的能力在研究人员心中的突出地位。从描述中可以清楚地看出，研究人员认为这种反射是按照马雷最初描述的“蜷缩—翻正”方式进行的，即猫有选择地改变不同身体部位的惯性矩。下面是他们对人类这一动作的描述。

> 身体挺直，双臂下垂，双腿向两侧伸展，然后转动腰部，将整个躯干绕着Z轴向右或向左扭动。保持扭动，双臂向两侧伸出，双腿并拢，然后将躯干扭转回原来的位置。当手臂沿两侧放下时，被试者躯干相对于四肢的位置应该与开始时完全相同，但身体整体将小幅旋转。

列表上的第二种手法“弯曲—扭转”，本质上是拉德马克和特尔布拉克在20世纪30年代观察到的猫翻身的人类版本。你可以自己做这个动作。从一个直立的站立姿势开始，上身向一侧弯曲，双臂向两侧伸开。然后将上半身向前旋转，保持身体弯曲，直到身体朝向另一侧。一旦你放下你的手臂并伸直躯体，你将在与弯曲身体的相反方向获得一个小的旋转量。你在地面上也可以小心、缓慢地做这个动作，如果做对了的话，你会感觉到因为旋转脚受到地面的阻力。多亏了空军的研究，拉德马克和特尔布拉克提出的猫翻身机制才变成了广为人知的“弯曲—扭转模型”。

列表上Z轴和X轴的动作中都有“弯曲—扭转”，因为它在这两个方向上都会产生小的旋转量。稍加修改，它就可以用来突出围绕其中任何一个轴的旋转。是否有宇航员真正实践了这些技术或者接受了相关的标准化训练，目前还不清楚。他们很可能会发现，与其训练这里列出的动作，在“失重奇迹”上自然而然地摸索出自己的动作反倒更容易一些。

人体的灵活性为旋转提供了很大的自由度，但也会导致一些问题。设想一名宇航员在太空中，他的火箭背包经过校准可以让他笔直前进。如果宇航员向一侧伸出手臂，宇航员的重心就会向一侧轻微倾斜，他在前进的同时还会旋转。在允许宇航员在太空中推进自己之前，有必要了解宇航员身体位置的变化是如何改变运动状态和稳定性的。为此，人们建立了详细的人体数学模型，把身体的每一部分都当作圆柱体、球体、椭球体或长方体。对这些模型的讨论产生了有史以来对人体最浪漫的描述：

> 人体是一个复杂的弹性体系统，其相对位置随着附肢的移动而变化。[20]

一开始，研究人员计划在双子星座计划9A任务中测试失重状态下行动研究的结果，时间定在1966年6月5日。当天，执行这一任务的宇航员尤金·塞尔南（Eugene Cernan）也佩带好了航天员机动设备的火箭背包。但是由于塞尔南在为太空漫步做准备时用力过度，他的头盔面罩蒙上了雾，所以测试被迫取消。直到很久以后（1984年2月7日），宇航员布鲁斯·麦坎德利斯二世（Bruce McCandless II）配备了更复杂的载人机动装置（MMU）才完成了首次不受约束的出舱活动。MMU看起来很像一把高科技的休闲椅，它有24个推进器，宇航员可以通过座椅扶手上的按钮来激活这些推进器，以调整旋转、朝向和推进。

美国并不是唯一一个研究失重状态下宇航员身体控制的国家。苏联在20世纪60年代也有自己的太空医学计划，他们利用多种设施，包括零重力飞机、离心机和水下训练来模拟低重力环境。和美国同行一样，一份苏联研究者写于1965年的报告在前言中给予了落猫问题应有的尊重，尽管在史实方面有一些小错误。

许多力学专家以前认为生物不能在没有支撑的情况下使身体围绕某个轴转动。他们的基本论据是动量守恒定律（面积定律）。

……

德普雷证明，这个断言是错误的。他拍摄了一些猫下落的照片，照片中的猫总是毫无困难地脚先着地。从力学的基本定律，即面积定律来看，这一事实似乎是无法解释的。[21]

拍摄照片的是马雷而非德普雷，而且是莱维在1894年第一个说服法国科学院猫翻身从物理学角度是可能的。德普雷实际上一开始是马雷坚定的反对者。

为了在地面测试自己的旋转策略，苏联使用了茹科夫斯基椅，这是一个水平平台，含有一个自由滚动的球。站在平台上的人可以测试水平旋转的策略，例如，在头顶挥动手臂做圆锥运动，这会导致身体向相反的方向旋转（用美国空军的话来说就是套索）。为了测试更多的常规动作，苏联人让被试在蹦床上弹跳，尝试在空中做出这些动作。宇航员们进行这些动作的训练，是为了能"像体操运动员、杂技演员、跳水运动员和其他运动员那样在滞空瞬间完成复杂的转身动作。"

哪怕是苏联人和美国人以为很简单的动作，执行起来都极为缓慢。以套索动作为例，只有把手臂连续抡许多圈，才能令宇航员朝向相反的方向。然而，猫却可以在不到一秒之内完成翻身。NASA对研究人类能否像猫科动物一样快速翻身非常感兴趣。要找到答案，就需要更复杂的模型和更严格的数学方法。

凑巧的是，早在20世纪60年代，一位研究人员就已经研究了类似的问题。斯坦福大学工程数学教授托马斯·R. 凯恩（Thomas R. Kane）

提出了一种数学模型，可以分析失重环境下相互连接的复杂质量系统的运动。太空研究人员已经认识到人造重力对宇航员在太空中长期停留的作用，一种制造人造重力的可能方法是使用旋转的宇宙飞船或空间站，从圆心指向外侧的离心力和重力无法区分。1967年，凯恩和他的同事T. R. 罗布（T. R. Robe）研究了一种卫星的稳定性，这种卫星由一对通过部分弹性桥连接的固体物体组成，整个结构围绕其中心旋转。[22]而通常模型中下落的猫是由一对通过柔性接头连接的圆柱体组成的，这与凯恩的模型非常相似。

凯恩还研究了宇航员在失重环境下的运动问题，他利用新的数学技巧展示了通过计算找到宇航员改变方向的最佳方法。[23]这项工作引起了NASA的兴趣，NASA资助了他6万美元研究经费。大约在同一时间，凯恩着手研究落猫问题，他对目前的解释并不满意，开始用自己的数学方法来解决这一问题，并得到了迄今为止最详尽、可能是最准确的数学模型。

凯恩在很大程度上同意拉德马克和特尔布拉克对落猫问题的解释，但指出了他们弯曲—扭转模型的一个重要局限。在拉德马克和特尔布拉克的模型中，猫的上下半部分身体一直保持同样的弯曲角度，意味着它会以脚着地但是背反弓着，而这与实际看到的情形完全相反。凯恩和他的学生M. P. 谢尔（M. P. Scher）认为，这只猫应该一开始是按照拉德马克和特尔布拉克的模型进行动作，但是在转动过程中，它的背部变直，转到侧面时背已差不多挺直。然后猫的背弯向另一侧，开始另一轮弯曲—扭转的动作，直到落地时四肢舒展、背部蜷曲。简而言之，在凯恩模型中，猫做了两次弯曲—扭转的动作，背部的弯曲程度一直在逐渐变化。

将凯恩和谢尔模型形象化有种更简单的方法：把它们看成3个依次出现的不同运动。想象猫下落时开始弯曲并扭转，直到它面向侧面，腰向右扭转。然后猫的腰向另一侧弯曲，直到腰向左扭转。之后，它再进行一次弯曲—扭转的动作，直到它的腰向上弯曲，四脚着地。

在1969年发表的一篇论文中，凯恩和谢尔将他们关于落猫模型的模拟结果叠加在猫下落的真实照片上。[24]结果令人信服。和拉德马克和特尔布拉克一样，凯恩和谢尔将猫视为两个圆柱体，他们在模型中增加了一个约束条件：猫不能像马雷的蜷缩—翻正模型描述的那样，上下半身单独扭转。

这项关于猫的新研究的最终目的是帮助宇航员在失重环境中转身，因此设计出的任何方法都必须经过人类的测试。同苏联人一样，凯恩通过造价便宜的蹦床来创造短暂的失重。为了设计新的转身策略，凯恩首先通过数学方程找到了猫翻身的最优解。然后他把动作输入计算机，让计算机用形象的方式展示出来。最后，由经验丰富的蹦床运动员在蹦床上测试人类能否高效地做出这样的动作。

1968年，《生活》杂志的记者们注意到了这个古怪的课题，并撰写了一篇文章，文章中附的一张展示凯恩研究的照片是有史以来最超现实的科学图像之一。[25]在这个系列中，一只猫下落的图像与穿着宇航服的蹦床运动员完美复刻动作的图像并排显示。

凯恩和谢尔的文章似乎是最后一篇关于落猫问题和宇航员动作的文章。两位科学家随后在一份官方出版物中详细介绍了他们在1970年为人类量身定制的自旋策略。[26]其他学科的研究人员可能会对下落的猫感兴趣，但它们在太空探索中扮演的角色已在1969年结束。

尽管有这么多关于落猫和太空探索的研究，但只有一只猫成功地进入了太空并安全返回。20世纪60年代初，在早期太空竞赛的高峰期，法国也在积极研究超重和失重对生物的生理影响。费利塞特（Félicette）是一名宠物商人在巴黎大街上发现的流浪猫，法国政府买下了包括它在内的14只猫进行太空实验。所有猫的头上都被植入了永久性的电极来测量神经反应。1963年10月18日，费利塞特成为首只进入太空的猫，飞行高度156千米，持续时间13分钟，其中大约有5分钟处于失重状态，并成功返回地球。

不幸的是，这场危险旅程结束3个月之后，为了调查这次航行是否引起了任何生理变化，法国科学家对费利塞特实施了安乐死。尽管它在法国太空计划中发挥了关键作用，但多年来它基本上默默无闻。2017年，马修·塞尔日·居伊（Matthew Serge Guy）为费利塞特发起了一个众筹项目，希望在它的故乡巴黎为它建造雕像以纪念它的太空飞行。钱已经筹齐了，在本书写作期间，项目组织者正在寻找合适地点建造雕塑，以提醒人们永远不要忘记动物为人类做出的牺牲。[①]

图8-6　在费利塞特太空飞行后，法国为它印刷了一张明信片。上面的文字是："1963年10月18日我成功首飞，感谢大家支持。"

① 2019年8月，组织者决定在法国斯特拉斯堡的国际宇航大学为费利塞特建造这座纪念碑。国际宇航大学是由世界各航空航天大国联合举办的、培训宇航学科研究生的高等教育学府和研究机构，斯特拉斯堡校区是其核心、永久校区。因此，虽然不是在巴黎，也是个合适的选址。

凯恩和谢尔使用了当时的新技术——计算机来模拟复杂系统。有了可以描述人类和猫的运动的复杂的计算机模型，制造出可以在现实生活中模拟它们动作的机器只是时间问题。然而，在这之前，人们又发现了一个关于猫下落的新谜题。

保守秘密的猫

虽然到目前为止，我们看到猫主要是被用作实验对象，但它们也是许多科学家的伙伴甚至实验室助手。然而，并不是每一次人类和猫的合作都是富有成效的。例如，在1825年，有几家英国报纸报道了一起与猫有关的灾难。

> 著名的曼海姆（Manheim）望远镜是匈牙利光学大师施派格（Spaiger）的杰作，几天前它以一种非常奇特的方式被毁了。天文台的一名工作人员把镜片拿出来清洗，放回去的时候没有注意到有只猫爬进了镜筒。晚上，猫被会聚的月光吓到了，在逃跑过程中弄倒了望远镜，望远镜从很高的塔顶掉到地上摔成了碎片。[1]

美国诗人安东尼·布利克（Anthony Bleecker）认为这只猫下落摔死了，受此启发写下了《少女施派格对她的猫的呼唤》（*Jungfrau Spaiger's Apostrophe to Her Cat*），替天文学家的女儿为失去心爱的宠物而发出哀歌。[2]以下是诗歌片段。

噢，告诉我，猫咪，我最害怕的是什么。

是基尔肯尼猫[①]将你变成幽灵的吗？

你为什么不回答？啊，我会找到原因的。

我看见了什么？血淋淋的掌印。

噢，明净的星空！为什么出现了残破的四肢！

这是你的腿，在望远镜旁边。

望远镜倒转过来，我看得十分清楚，

导致你这只小猫咪大灾难的原因。

如果这个故事属实，对猫和天文学家来说都是悲剧。然而，我们有充分的理由对报道中的故事表示怀疑。首先，1816—1846年德国曼海姆（Mannheim，前面报纸里的报道少写了一个n）天文台台长是弗里德里希·伯恩哈德·戈特弗里德·尼古拉（Friedrich Bernhard Gottfried Nicolai），没有发现任何关于施派格的记录。同时，也很难想象一台昂贵的、最先进的望远镜被直接安装在一座塔的屋顶上，没有任何保护设施，猫碰一下就会倾倒。当时的天文学杂志也没有提及这一灾难性事件。这段时间，曼海姆天文台工作似乎很顺利。

假设施派格的猫真的存在过，它从塔顶下落也不见得会摔死。翻正反射可以帮助猫科动物从意外跌落中生还，而城市高层建筑的出现得以让猫展示这一与高楼相得益彰的技能，或许比翻正反射本身更令人困惑：猫不仅从高处坠落后的存活率很高，甚至从更高的地方坠落

① 基尔肯尼猫（Kilkenny cat）来自西方的民间故事，故事讲述了两只猫至死方休的斗争，后来成为俚语，用来形容斗个你死我活。

后存活率更高。在NASA对猫的翻身能力失去兴趣后不久，兽医们偶然发现了这个新难题。

新技术的出现和我们生活方式的相应变化，往往会带来意想不到的后果。例如，1887年，华盛顿的A. G. 汤普森（A. G. Thompson）在《科学》杂志上发表了如下抱怨：

> 每一项发明都有其缺点或弊端，电灯在这方面也不例外。在这座城市里，它们被安装在能照亮建筑物的位置上，尤其是国库，这样做的效果良好而显著。与此同时，一种蜘蛛发现在电灯附近有大量的猎物，而它们可以昼夜不停地活动。结果，它们结的网又厚又多，把建筑的装饰物都遮住了。当网被风吹落，或者老化掉落时，会沾得到处都是，任何沾到蜘蛛网的东西都显得脏兮兮的。不仅如此，这些小冒险家还占据了所有被这些灯照亮的房间的天花板。[3]

那些为国家首都设计照明的人显然没有想到，他们也为蜘蛛创造了理想的觅食场所。

大约在同一时间（1885年），世界上第一座现代摩天大楼在芝加哥落成。尽管此前几十年间陆续有其他高层建筑已经建成，但10层高的家庭保险大楼是第一座使用钢结构的建筑。这种材料强度方面的创新使建筑（包括商业建筑和住宅建筑）越来越高，自然猫住得也越来越高。不可避免地，猫开始从高处坠落。家庭保险大楼的建造者们当然没有预料到他们的工作将会给猫科动物带来一种新的疾病——高楼综合征。

这一现象是由戈登·W. 鲁滨逊（Gordon W. Robinson）通过观察日益增多的高层坠楼事件而得出的，[4]他是位于纽约市的美国防止虐待动物协会（ASPCA）下属亨利·伯格纪念医院的外科主任。鲁滨逊的论文发表于1976年，也就是说，在第一幢摩天大楼建成近百年后，这种综合征才被发现。鲁滨逊指出，之所以猫的高楼综合征过了这么久才被发现，部分原因可能是许多宠物主人甚至没有意识到坠落的发生。

> 历史可能令人困惑。动物的主人往往不会看到事故发生，以为猫是在房东、物业、维修人员或者朋友进入大楼时逃进了大厅，然后经楼梯或消防通道跑到了大街上或后院里，在那里受了伤或者中了毒。

鲁滨逊的论文是同类论文中的第一篇，旨在引起人们对这种综合征的注意，并帮助兽医进行诊断。他确定了通常高楼综合征引起的损伤有三种：鼻出血、硬腭裂和气胸。鼻出血就是流鼻血，而气胸是指肺破裂。硬腭是位于口腔顶部的骨板，它将口腔与鼻道隔开；在高空坠落时，猫的硬腭通常会自中间起、从前向后裂开。除了这三种主要的伤害外，猫坠落时牙齿和其他骨头也可能会折断。

尽管如此，鲁滨逊还是指出，猫从惊人的高度坠落也能活下来。

> 猫从很高的位置上坠落也能活下来，这简直是个奇迹。我们记录的存活案例和高度如下：从18层坠落到硬表面（混凝土、沥青、泥土、车顶）；从20层坠落到灌木丛；从28楼坠落到天篷或

雨篷上。毫无疑问，这些数字都够上“读者来信”了，毕竟这些高度已经超出了生命的极限。

然而，稍微懂点儿物理知识的人可能就不会那么惊讶，猫从高处坠落后受的伤比人类轻是符合物理规律的。首先，与人类不同的是，猫具有翻正反射，使得它们通常是头朝上着地，这对它们的生存至关重要。猫相对矮小的体型也起到了重要的作用。俗话说得好，“杀死你的不是坠落，而是最后的骤停”：摔伤来自生物身体突然的不均匀减速。例如，如果一只动物脚先着地，脚会立即停止移动，但上面的身体不会。因此，身体的下半部分就会受到来自上半部分惯性的冲击。一个生物的质量越大，自身的重量对它的伤害就越大。猫的体重比人轻得多，这是它的一大优势。此外，从空气中下落的物体都会达到一个终极速度或最大下落速度，此时重力和空气阻力达到平衡，重量较轻的猫的终极速度大约是60英里每小时（约100千米每小时），差不多是人类下落终极速度的一半。

鲁滨逊的论文指出了高楼综合征的问题，但没有提供任何有关猫的存活能力或其与坠落高度的关系的定量数据。猫在演化中学会了在树上生活、捕猎和躲藏，并适应了从树上掉下来的情况。我们能理解猫可以从一层楼高的地方摔下来而几乎不受伤，但鉴于它们并没有从比一层楼更高的地方摔下来的经验，我们可能会认为受伤率会随着高度的增加而增加，至少在猫达到终极速度之前如此。

1987年，纽约动物医学中心的外科医生韦恩·惠特尼（Wayne Whitney）博士和谢里尔·梅尔哈夫（Cheryl Mehlhaff）博士对这类问题进行了第一次全面的研究。[5]他们分析了医学中心1984年5个多月里经手的132例高层综合征，发现90%的猫都活了下来。此外，他们证实，平均受伤率随着坠落高度的增加而增加，但仅限于从8层及以下的楼层坠落的情况。奇怪的是，从8层以上的高处坠落，平均受伤率随着坠落高度升高而急剧下降，尤其是骨折。

他们在论文中将伤情大致按照鲁滨逊最初的描述进行了划分，不过用骨折代替了鼻出血。结果表明，从9层及以上的楼层摔下来的猫，所有类型的伤害都显著减少。从极端高度坠落的猫通常比从中等高度坠落的猫受伤更少，这真是令人惊讶。

这一结果成为全国性的新闻，在接下来的几年里无数次出现在报纸上。《洛杉矶时报》以《猫是以脚着陆的》（They Land on Little Cat Feet）①为题对惠特尼和梅尔哈夫的研究进行了报道。两年后，《纽约时报》也对这一工作进行了报道，文章标题押韵得很尴尬《像猫着陆不死：事实就是如此》（On Landing Like a Cat: It Is a fact）。[6]

这些结果违反直觉、耐人寻味，但它们是准确的吗？因为没有人做控制变量的科学实验，主动把猫从屋顶上扔下去（还好没有），所以对高楼综合征的研究只能依赖兽医诊所接诊过的病例，所以有一种可能是这些数据以意想不到的方式产生了偏差。例如，假设从最高的地方下落的猫有一部分受伤严重，立即死亡，这些死去的猫自然不可能被送往诊所，因此惠特尼和梅尔哈夫的数据就被错误地导向了更健康、受伤更轻的猫。很可能还有其他原因导致了这个奇怪的结果，但这一

---

① 这篇文章发表于1987年12月，标题应该取自卡尔·桑德伯格（Carl Sandburg）的名篇《雾》（*Fog*）："The fog comes on little cat feet.（雾来了，迈着猫儿轻步。）"这首诗在伦敦大雾时期被西方媒体广为传播，《洛杉矶时报》这篇文章标题将比喻反用，用以表示猫脚步的轻盈。

假设的可能性也不能完全被排除。

相当长一段时间里，没有相关后续研究出现。虽然猫经常从高楼上掉落，但有足够高的建筑可验证高楼层的数据的地方很少。最近在希腊和以色列进行的另外两项关于高楼综合征的研究，只观察了从8层及以下楼层坠落的猫。[7]

2004年，克罗地亚萨格勒布的兽医合作收集了足够的数据来验证极端高度下惠特尼和梅尔哈夫的结果。基于对119个案例的研究，他们发现，从较高楼层坠落的猫骨折的概率确实较低，但这种情况下猫胸部受伤的概率似乎有所增加。[8]

假设数据没有严重的偏差，我们自然会问下一个问题：为什么从8层以上掉下来的猫受伤率更低，至少受某些类型的伤的概率更低？惠特尼和梅尔哈夫注意到受伤程度的拐点与猫第一次达到终极速度的高度大致一致，他们提出了以下假设。

> 正如我们所预料的那样，在7层及以下的高度，猫的受伤率与坠落高度正相关。而7层的高度正好是猫达到终极速度的距离。然而，令人惊讶的是，如果楼层高于7，猫的骨折率会下降。为了解释这一点，我们推测，在猫达到终极速度之前，它会感受到加速并反射性地伸展四肢，这会使它们更容易受伤。然而，在达到终极速度后，前庭系统不再受到加速度的刺激，猫可能会放松下来，使四肢更水平，就像飞鼠一样。这种水平的姿势可以使冲击力更均匀地作用于全身。

这一解释目前被广泛接受，尽管它在物理学方面的描述有些误导性。在真正的自由落体过程中，猫会加速运动，但不会“感受到加速”——它是完全失重的。毫无疑问，真正失重的感觉会让猫感到不舒服，它会向下伸展四肢。当猫达到终极速度后，它会感受到自己的正常体重，然后可能会有放松的感觉，同时水平地伸展四肢以承受冲击。

然而，猫的策略可能不仅仅是放松。当猫放松时，它的背部可能会拱起，腹部承接空气，形成一种类似于降落伞的效果，可以降低它的终极速度。正如惠特尼和麦哈夫所说的，这只猫可能会表现得“像一只飞鼠”。这个类比可能比你想象的还要贴切。2012年，波士顿一只名叫糖糖（Sugar）的猫从19楼坠落，只受了点儿轻伤。[9]奇怪的是，观察结果表明，这只猫可能用了它前肢下的皮肤来控制它的着陆位置，就像飞鼠用翼膜来滑翔一样。糖糖落在了一堆枯树叶上，周围都是砖块和混凝土，这要么表明它非常幸运，要么表明这只猫有些许的飞行控制能力。我们不能从一件逸事中就得出猫能滑翔的结论，但这个想法很有趣。

无论如何，患有高楼综合征的猫的平均存活率令人印象深刻。大多数报纸同意惠特尼和梅尔哈夫的结论，大约90%的猫能挺过这场磨难。活下来的猫的坠落高度同样令人印象深刻。在惠特尼和梅尔哈夫的论文中，纪录保持者是一只名叫萨布里纳（Sabrina）的猫，它从32层楼掉到水泥地上，只是轻微的气胸和牙齿脱落。2015年，香港一只名叫乔米（Jommi）的猫从26层楼高的地方摔了下来却毫发无伤。不过，乔米很幸运，掉在了地上的帐篷上，然后砸穿帐篷落地。她的主人是这样回忆当时的情景和乔米毫不在意的表情的：

我们在窗户上留了一道小缝，好让新鲜空气进来，然后我突然有了一个可怕的想法：它可能已经从缝里钻了出去。

我往下一看，看到26层下面的一顶帐篷上有一个大洞，我知道它可能已经掉下楼，砸穿帐篷落地了。

它掉落时的冲击力很大，把帐篷的铝制框架都弄弯了，所以你可以想象，当我走进帐篷，发现它在舔爪子，仿佛什么事都没发生时，我有多么震惊。[10]

猫可能会使用类似降落伞的策略防止自己摔死，但有些人可是认认真真地把猫当成跳伞者运动员看待。1967年2月15日，多伦多降落伞协会把“自由落体奖”颁给了海伦·库帕里（Helen Kupari）的猫贾斯珀（Jasper），以表彰它“壮观且历史性的14层自由落体”。

另一位猫主人在她的猫身上找到了相似的潜质，她的猫喜欢从高处坠落。1972年1月26日，一架DC–9客机在捷克斯洛伐克上空爆炸，机上人员全部遇难，只有23岁的空姐韦斯娜·武洛维奇（Vesna Vulovic）在从33 330英尺（约1万米）的高空坠落后幸免于难。[11]她昏迷了27天，住院了16个月，在康复过程中，她从她心爱的猫齐茨卡（Cicka）身上获得了激励。齐茨卡曾两次从二楼的窗户掉下去，受了重伤，但两次都康复了。

事故发生后，武洛维奇很想回去当空姐，但航空公司只让她从事文书工作，也许是担心她出现在飞机上会被视为不祥之兆，影响不好。她于2016年12月23日去世，前南斯拉夫联邦的所有人民为之哀悼。她仍然是吉尼斯世界纪录“无降落伞最大坠落高度”的保持者。1973年4月的《广播电视回顾》（*RTV Revija*）杂志的封面文章是武洛维奇和齐茨卡，标题是《幸运女神的最爱》。

关于高楼综合征的科学研究至今仍在继续。2016年，捷克的一个科研小组提出了关于猫下落过程中的反应的另一种看法，他们认为导致猫反射性地弯曲身体的不是加速度，而是加速度的变化。[12]这一假设与20世纪50年代美国空军格拉特沃尔和斯托林斯的研究一致。在这一有趣而简单的实验中，捷克研究人员在一只毛绒玩具猫的身上安装了一个加速度计，然后把它从越来越高的楼层上扔下。他们将加速度的变化称为"猫的恐惧系数"，这一系数在7层左右最大，这和前文猫受伤率的拐点基本一致。

大多数关于高楼综合征的研究都集中在医学方面。还有其他一些研究探讨了猫的受伤种类和高度的关系，其中也有一部分专注于探讨特定类型的伤害及其治疗。猫过去和现在的不慎失足的经历，被研究人员用来改善未来的照料和治疗水平。

关于高楼综合征，还有一个问题：为什么有这么多的猫从建筑物上掉下来？梅尔哈夫提供了一种解释："这与协调有关。我们总是称赞猫绝佳的协调性，事实也的确如此。但是，如果你曾经看过两只猫傻里傻气地玩耍，你就会发现，它们在一切地方都喜欢滚来滚去。如果滚到边缘，它们就会掉下来。有时，那正好是21层楼的窗户。"[13]

基于物理学原理的高超下落技巧并不是猫长期保守的唯一秘密。最近研究人员发现，即使是猫最普通的习性也能带来科学上的惊喜。麻省理工学院（MIT）教授罗曼·斯托克（Roman Stocker）在看着他名叫"卡塔卡塔"的猫从碗里喝水时，突然很好奇猫是如何把水舔上来的。人类喝水的方式有很多种，比如用吸管吸水，或者把玻璃杯里的水倒进嘴里。然而，像狗这样的动物只能把舌头卷成勺状来喝水。

猫喝水似乎不太一样，但速度太快，无法用肉眼看到。斯托克得到了当时MIT同事佩德罗·雷斯（Pedro Reis）、郑晟光（音译，Sunghwan Jung）和杰弗里·阿里斯托夫（Jeffrey Aristoff）的帮助，他们用研究猫的物理学利器——高速摄影来研究猫喝水。一开始，他们只是耐心地等着拍摄卡塔卡塔喝水的镜头，后来开始拍摄其他家猫，最终又拍摄了狮子、豹猫、老虎和美洲虎。他们还用视频网站YouTube上发现的其他猫科动物视频来验证自己的研究结果。

他们观察到的是一种以前从未有人发现的非凡的猫喝水策略。所有被研究的猫科动物在喝水时，它们的舌头在接触到水面的一瞬间就迅速缩回。一部分液体会粘在猫的舌头上，舌头快速抽离会导致一根细细的水柱被拉到空中，而猫在水柱掉回盘子之前就舔掉了悬浮的水柱。

猫喝水利用的是液体自身分子间的作用力，这种力会让舌尖带动一定体积的液体。在这一过程中，流体的惯性力和重力之间达到完美的平衡。研究人员通过模拟证明，猫的舔水速率可以让它单位时间内喝进更多的水。和翻正反射一样，这表明演化早在任何人类研究者意识到之前就解决了生物面临的物理问题。

这项研究已经被另一位研究人员半开玩笑地证实了。当被要求对结果发表评论时，杜克大学的史蒂文·沃格尔（Steven Vogel）说："既然你们已经提示了我，我可以说这些人所描述和解释的完全符合我自己偶然观察到的猫舔舐的动作。"[14]

在完成了这项工作之后，MIT的研究小组发现，展示猫非凡喝水能力的证据早在几十年前就出现了，这些视频由哈罗德·埃杰顿（Harold Edgerton，1903—1990）拍摄，任何人都可以看到。埃杰顿在MIT完成了他的博士论文，研究课题是利用通过周期性高速电子发射闪光的频闪仪来观察高速移动的物体，比如旋转的风扇。意识到数码闪光灯可以以比之前想象的更快的速度拍摄物体后，他开始拍摄周围的一切，从子弹穿过苹果的过程，到运动员的动作，到原子弹爆炸，再到所谓的尼斯湖水怪（实际上很可能是其他某种未知事物）。[15]“二战”期间，埃杰顿被派去利用其闪光技术对被占领的欧洲进行夜间航拍，他甚至执行了大量危险的任务来完成这项工作。[16]20世纪50年代，他与著名海洋学家雅克–伊夫·库斯托（Jacques-Yves Cousteau）合作。

1940年，埃杰顿受邀到好莱坞展示他的技术。合作的结果是1940年的电影《眨眼之间》（*Quicker'n a Wink*）。电影中有一个猫舔牛奶的镜头，这一片段展示了猫把舌头卷成勺状，但是今天我们可以清楚地看到2010年斯托克等人发现的那种惯性效应。显然，埃杰顿在MIT进行了大量的高速摄影，而斯托克的团队则在近70年后在同一个地方做出了自己的发现。事实上，斯托克的研究小组使用的设备正是来自MIT埃杰顿中心，根据该中心官网的介绍，该中心旨在让“哈罗德·埃杰顿的发现精神永存”，并“给学生提供在实践中学习的机会”。

埃杰顿自己也拍摄了猫下落的镜头。20世纪30年代，当他和同在MIT的合作伙伴肯尼思·格梅斯豪森（Kenneth Germeshausen）还在积极地向科学界推广他们的技术时，埃杰顿就发现猫的翻正反射十分吸引人。他们拍摄的猫照片出现在1934年的《科学新闻快报》（*Science News-Letter*）上。

> 如果你（或者任何一个小男孩）不知道猫是怎么翻身的，不用感到丢脸。这个问题需要一个大型工程实验室的资源，以及两位聪明、勤奋的年轻科学家的聪明才智，才能弄清楚。就在不久前，在剑桥，美国国家科学院会议开始前，会议组织方播放了一

段动物影片，内容包括猫在半空中翻身、两只苍蝇“起飞”、一只金丝雀腾空而起及其他一些活动。这段影片让美国最有学问的人暂时停止了对宇宙射线、宇宙膨胀及其他类似深奥东西的讨论，专心观看影片并热烈鼓掌。[17]

猫的舌头则给科学家带来了更多的惊喜。所有养猫的人都很熟悉被猫舔的感觉。猫那粗糙的舌头有非常重要的实际用途。一天，博士生亚历克西斯·诺埃尔（Alexis Noel）看到她的猫墨菲舔家里的超细纤维毯，发现墨菲的舌头被勾住了，但它把舌头再往毯子上一压，就顺利脱离了。诺埃尔想知道猫的舌头为什么会被毯子勾住，于是她采集了猫舌头的组织样本，然后用计算机断层扫描（CT）制作了一张三维图像。在看CT扫描图像时，她发现猫的舌头根本不像砂纸，而是有很多灵活的爪状刺，可以缠绕在猫毛上。她描述道：

当舌头滑过皮毛时，钩子就会和皮毛纠缠在一起并打结。钩子钩住皮毛后，会受到一个拉力，让钩子旋转，慢慢地将结打开。这和爪子很像，舌头毛刺的前端是弯曲的，呈钩状，所以在碰到缠结在一起的皮毛时能够保持接触，不像普通的毛刷，刚毛会弯曲，让结从刚毛上滑下来。[18]

诺埃尔向2016年美国物理学会流体力学分会提交了她的研究结果，包括用高速摄影拍摄她的猫梳毛的照片，照片展示了它如何弯曲并扭转自己的舌头，以便解开遇到的任何缠结。[19]

诺埃尔在猫的舌头里还有新的发现。她让带钩表面的样本接触液体，发现钩子是中空的，可以通过毛细作用将液体吸入带钩表面。她认为，这一机制可以让猫将唾液深深输送到皮毛中，帮助清理毛发并解开缠结，诺埃尔正在申请一项基于此原理的梳子专利。

对猫饮水和梳理毛发的研究似乎是两件毫不相关的事，但在这两项研究中，研究人员都表示，他们的研究为如何制造新型柔性机器人提供了思路。事实上，猫的翻正反射已成为机器人学者非常感兴趣的课题，也是对机器人的可操作性的一项终极挑战。

机器猫的崛起

1994年7月末，卡内基-梅隆大学的科学家们前往阿拉斯加执行一项大胆的任务：深入一座活火山的火山口收集数据。但这组为NASA工作的研究人员并未亲身前往，而是派遣了一个八足自主机器人——但丁二号（Dante II）来收集有毒气体样本，并用激光绘制火山口内部的地形。这个机器人通过缆线与火山口边缘的控制站相连，将在几天内爬到火山口底部，然后花费同样的时间返回。

总体而言，这次任务是成功的。但丁二号到达火山口底部，收集了数据并准备返航。然而，在执行任务的过程中，天气发生了变化，坚硬的雪地化成了不牢靠的泥浆。在返回的路上，但丁二号在一个30°的斜坡上滑倒了，无法动弹。研究人员花了几天时间才找回这个重约一吨的机器人。他们先是尝试用直升机把它从滑倒的地方吊回来，但失败了。地质学家只得亲自前往救援，这样一来，科学家原本派机器人代替人前往危险环境的目的就失去了一大半意义，至少失去了象征意义。科学家们在机器人身上拴了一根绳子，将它从火山热点吊回来，之后，它就可以像博物馆展品一样享受退休生活了：它有7条腿断了，激光扫描仪也坏了。[1]

科学家不是没有预料到机器人摔倒的情况，他们已经做了各种各样的假设和预案。卡内基–梅隆大学的机器人专家约翰·巴雷斯（John Bares）说："我们预想的最差情况是它的一条腿陷进地里，再也回不来了。"[2]这款机器人被设计成静态稳定的：它有8条腿，即使在走路的时候，它每个时刻都会同时有两条以上的腿在地上。它被设计得能够在崎岖的地形上自主移动，但程序不能纠正意外的滑倒或跌倒。

这不是但丁二号设计的局限，它在当时是最先进的。机器无法适应复杂环境，是机器人学长期以来一直面临的困扰。在用简单的几何形状代表办公家具的模拟办公环境中，机器人或许可以行动自由，但当它面对真实办公室的复杂情况时，它就会失败得很彻底。

新技术正在不断发展。但丁二号摔倒之后，科学家们开始采用基于生物系统的新方法来设计机器。演化已经帮助自然存在的生物解决了许多机器人领域难以解决的问题，所以研究者很自然地转向演化的产物以寻求解决方案。例如，一只外形和但丁二号非常相似的昆虫，甚至可以在失去一条或几条肢体的情况下爬过极其复杂的地形，这是在危险环境中运作的机器人需要模仿的技能。作为生物学和机器人学的交叉学科，仿生机器人学正日益发展，而落猫问题已经成为该领域研究的一个重要课题。事实上，对机器人来说，模仿猫的翻身就是一项特别困难的举动。

仿生机器人学大致包括两个研究领域。[3]一是受生物学启发的机器人，即研究生物系统以制造更好的机器人；一是仿生机器人的建模，即构建动物的机器模型以更好地理解动物的生物学过程。

这两种策略早在"机器人"（robot）这个词被创造出来之前，甚至早在人们用电力来驱动机器之前就已经存在了。例如，最早拍摄猫下落的马雷绘制了血液循环系统、飞行的昆虫和鸟类的机械模型，他用这些被他称为schéma①的东西来理解动物的生活和运动。

讽刺的是，早期最强烈反对马雷照片的德普雷在1894年提出了第一个关于猫下落的机械模型，不过这个模型非常粗糙。在接受了马雷的想法后，德普雷发表了一篇论文来描述他的装置。[4]

如图10–1所示，悬挂于线上的扁平圆盘上有两个圆形凹槽，凹槽内装有可由弹簧推动的金属小球。通过烧断固定弹簧的金属丝释放两根弹簧，弹簧将两个小球推射到凹槽上做圆周运动，最终在起始位置停下。两个小球沿同一方向转动，根据角动量守恒定律，整个圆盘必须向相反方向旋转一定角度。然而，由于圆盘比小球重得多，所以反向旋转达不到360°。如果忽略弹簧张力的微小变化，系统最终的内部状态与开始时相同，但它整体旋转了一段距离。在德普雷的实验中，

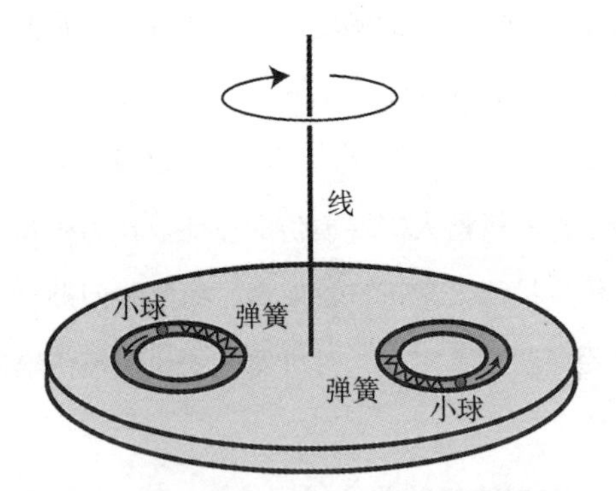

图10–1 德普雷“用来展示面积定律的装置”

图片来源：德普雷《一个用来展示面积定律的装置》。

① 这个法语单词的意思是示意图、结构图。

这个装置转动了40°。他认为，这个系统类似于猫，因为猫利用内部运动最终改变了身体的朝向，即使最终它的身体形状与开始时一样。

德普雷的猫模型就是仿生机器人建模的一个绝佳例子，他用了一个机械模型来解释猫下落的问题。大约同一时期发明的乔治·穆尔（George Moore）的蒸汽人，则是仿生机器人学的另一形式（受生物学启发的机器人学）。

一直以来，人类痴迷于制造能像生物一样移动和行动的自动装置或机器，它们可以被视为现代机器人的前身。1893年的《科学美国人》讨论了穆尔的蒸汽人，这是一种强大但可能会爆炸的自动装置，形状像人，能以4~5英里每小时（6~8千米每小时）的速度行走。[5]

蒸汽人的外形看起来像一名进军的骑士，由胸部的蒸汽锅炉提供动力，废气从鼻子排出。锅炉驱动着齿轮使其行走，不过图10–2有些误导性，因为它并没有显示蒸汽人底部的水平连杆，这根杆固定在一个旋转的平台上。蒸汽人绕着圈走，连杆使他不至于摔倒。

但是，乔治·穆尔设计他的自动装置并不仅仅是为了炫耀，如《科学美国人》的报道所说，他有更大的抱负。

> 过去的8年里，这位发明家一直在研制一款更大的蒸汽人，希望能在今年投入使用。新的蒸汽人能在开放的街道上工作，并通过带子拉动马车。在上面的图中，我们指出了蒸汽人连接马车的可行方法。在蒸汽人的侧面系上一个长弹簧保持弹性连接，这样它的重量就可以一直由地面来支撑。

穆尔的蒸汽人不仅表明了人类一直对可能的人工生命着迷，还表

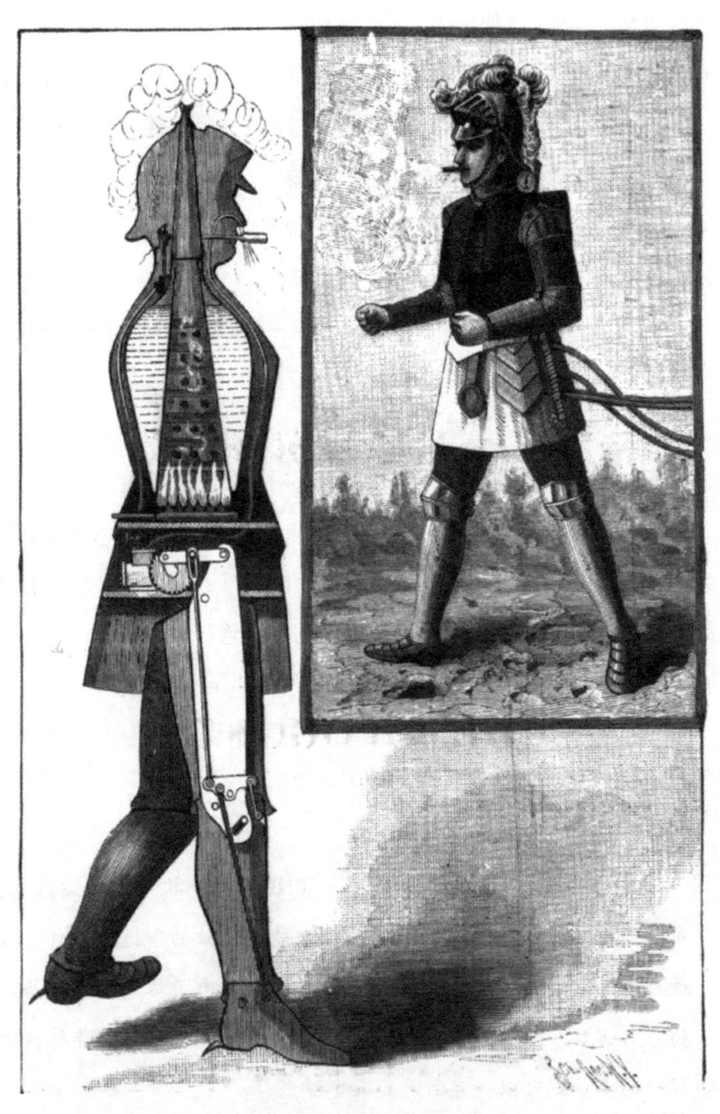

图 10–2 穆尔的蒸汽人

图片来源：《蒸汽人》（*The Steam Man*）。

明人类同时对这种可能性感到恐惧。根据1901年《华盛顿旗帜》的报道，穆尔的新版蒸汽人移动能力更强了，但并非一切都按计划进行。

> “赫拉克勒斯——钢铁人”是在俄亥俄州克利夫兰夏季度假村展览的一台蒸汽步行机械。它身高8英尺，当体内的油被点燃并产生蒸汽时，它就会推着一辆铁轮车四处走动。它头戴一顶硬礼帽，脸上带着邪恶的笑容，鼻孔里喷着热气。一天深夜，公园里的一些露营者在度假村关闭、“赫拉克勒斯”的主人离开后点燃了“赫拉克勒斯”体内的火，之前“赫拉克勒斯”的火熄灭时主人忘记了关上阀门。它冒出蒸汽，然后开始在公园里横冲直撞，这期间它简直比弗兰肯斯坦的怪物还可怕。
>
> 没有人知道该如何阻止它，它走遍了公园，穿过浅湖，踏过露营者和杂技团的帐篷。由于无法控制蒸汽人的行动，人们只能叫醒它前进道路上的游客，让他们让开。不平坦的地面、树木和其他障碍物能使它转向，但不能阻止它。它在公园里恐吓了游客们一个小时，悲剧终于在酒吧发生了。就好像自己有钱似的，蒸汽人大步朝酒吧走去，撞了酒吧一下，把它撞倒了。“赫拉克勒斯”与连杆一同倒下，杆的另一端砸在它的头上。它倒立着站在那里，脚在空中踢着，直到它的蒸汽消失。[6]

这个故事虽然有些过于夸张，但的确抓住了自机器人诞生以来困扰研究者的问题的本质：它们无法适应现实世界中意想不到的障碍。如果这篇文章是可信的，那么赫拉克勒斯是被一个酒吧打败了，就像但丁二号被一个泥泞的斜坡打败了一样。

对人工生命的恐惧与“机器人”（robot）这个词本身密切相关，这个词最早出现在1921年的科幻剧《罗素姆万能机器人》中，编剧是捷克作家卡雷尔·恰佩克（Karel Capek）。在剧中，人造人（机器人）是由罗素姆公司工厂生产的。最终，能独立思考的机器人奋起反抗，消灭了几乎所有的人类。结尾，最后一个人意识到机器人已经发展出了类似人类的同情心，帮助机器人找到了他们失传的繁衍秘法，确保他们能继承地球。robot一词来源于捷克语roboti，指像农奴一样的强制劳动力。

抛开人类对机器人崛起的恐惧不谈，某种自由意志的发展，或者至少是适应能力的发展，对于机器能在任何现实环境中运转是至关重要的。生理学家和机器人专家W. 格雷·沃尔特（W. Grey Walter）是这一思路的先驱者，1949年他向公众介绍了他设计的一对自主机器龟：埃尔默和埃尔西。

沃尔特的工作始于仿生机器人建模的实验。他制造机器人是为了深入了解生物神经系统的运作。1910年，沃尔特出生于堪萨斯城，曾在剑桥大学学习生理学，之后从事神经生理学研究。1935年，他开始对用脑电图测量大脑的电活动产生了兴趣，在接下来的几十年里，他担任英国布里斯托尔伯登神经学研究所生理学负责人，在这一领域做出了重大贡献。

沃尔特之所以要研究机器人，是因为他想了解生物的大脑是如何通过其组件和相互连接来实现复杂行为的。他制造的两个乌龟形机器人埃尔默和埃尔西，其中埃尔默（Elmer）是ELectro MEchanical Robot（电动机械机器人）的首字母缩写，埃尔西（Elsie）是Electro mechanical robot, Light-Sensitive, with Internal and External stability（光感应、内外稳定的电动机械机器人）的缩写。它们都有带轮子的外壳，外壳上都有一个像潜望镜一样的眼睛。每只机器龟体内的电子元件数量非常少：两根充当神经元的电子管，一个是光敏传感器，另一个是触控传感器；两个马达，一个用来爬行，一个用来转向；两组电池。沃尔特是这么描述的："装置中的组件数量被故意限定为两个，以便发现在系统中连接的元素最少而互连的数目最多的情况下，行为的复杂性和独立性可以达到什么程度。"[7]简而言之，沃尔特猜测生物的复杂行为不仅来自神经元的数量，同样来自感觉器和神经元之间的相互联系和相互作用。哪怕是只有两个神经元的"动物"，也可能会产生相当复杂的反应。

这些测试的结果，至少沃尔特展示的那些结果，令人印象深刻。乌龟的光敏传感器"眼睛"会不停旋转，直到发现一个足够亮但不太亮的光源，然后机器就会朝那个方向行驶，当光线太亮时，机器就会切换到避光模式，转而寻找更适宜的环境。连接到外壳上的触控传感器可以探测到碰撞，机器人随后改变路线，从而在寻找光线的过程中能够成功地绕过小墙壁甚至镜子。值得注意的是，埃尔西是可以充电的。当它的电量足够低时，它的避光能力会减弱，这会指示它寻找一个灯光明亮的小屋，在那里可以自动充电。

沃尔特认为，机器龟复杂而不可预测的运动类似于自由意志。他在论证中引用了14世纪法国哲学家让·布里丹（Jean Buridan）提出的哲学悖论——布里丹之驴。在这个悖论中，一头饥饿的驴子被放置在两堆相同干草的中点，如果这头驴只是一个机械装置，那么两堆干草对它来说就是一模一样的，原则上它会饿死，因为它选不出来哪个是最近的，或者"最优的"干草堆。这种观点认为，具有自由意志的动物则能够毫无困难地做出任意的决定。

如果把埃尔默和埃尔西放在两个相同的光源中间，这个问题就很容易解决了，因为光敏传感器的旋转方式是固定的，因此机器龟会朝它最先看到的光源移动。沃尔特认为，这是生物如何克服布里丹之驴悖论的一个机械化演示：尽管光线在空间中是等距的，但它们被观察到的时间有先后。布里丹之驴——或者更广泛地说，是机器人被困在多个相同目标之间的问题，都是可以被解决的。

沃尔特给自己好玩的机器龟取了一个不太恰当的名字：Machina speculatrix（拉丁语，意思是投机的机器）。这两只机器龟并不完美，它们之所以取得成功，很大程度上是因为它们工作的环境非常简单。[8]但它们是最早受到生物学启发而制造的机器人，它们向我们展示了如何将机器人学和生物学结合起来，制造出惊人的复杂机器。

生物学和技术的融合并不局限于机器人。20世纪50年代末，科学家开始研究生物系统，希望将演化的经验应用于新的设备和产品上，"仿生"（biomimetics）一词由此诞生，用于描述这种从自然中获得灵感的方法。1960年，美国空军的杰克·斯蒂尔（Jack Steele）在此基础上创造了一个现在我们更熟悉的术语：仿生学（bionics）。1941年，乔治·德梅斯特拉尔（George de Mestral）牵着狗散步回来，发现狗身上粘上了钩状种子，于是他以此为灵感发明了尼龙搭扣，这是早期仿生学的一个例子。其他仿生设计的例子包括干胶带（灵感来自壁虎脚黏附在墙壁上的过程）和玻璃的减反射面（灵感来自昆虫的眼睛和翅膀）。甚至有人建议，可以模仿猫的爪子来制造抓地力更大，或者能灵活调整的轮胎。[9]而且，正如前文所述，猫梳毛的习性已经激发了新的技术。

一段时间以来，机器人学一直专注于特定任务的应用。机器人学实际应用的里程碑是第一台工业机器人尤尼梅特（Unimate）的投入使用，它是第一个可编程的数字机械手臂，它的名字是universal automation（通用自动操作）的缩写。研究者开发它的目标有二：其一是想发明一种可以在充满有毒物质和危险机器的工厂里执行危险任务的机器。尤尼梅特的发明者乔治·德沃尔（George Devol）意识到，让机器人承担最危险的任务可以使工作场所更安全。[10]第二个目标则是减少老式制造机器产生的废弃物。可编程的机械臂的动作可以根据生产方法的改变而调整。德沃尔和他的商业伙伴约瑟夫·恩格尔伯格（Joseph Engelberger）在1962年创立了尤尼梅逊（Unimation）公司，生产并销售他们的机器。

尤尼梅特能完美胜任它的工作，但它毕竟只是一个静止机器人，运动模式也是固定的。为了使机器人有更多功能，需要让它们能稳定移动，这一需求在20世纪八九十年代刺激了仿生机器人的发展。在自主式机器人领域早期研究者的大多数设计中，控制中心（机器人的"大脑"和"神经系统"）都独立于机器本身，如爬火山的但丁二号，它的控制中心位于火山口边缘，通过缆线和但丁二号连接。然而，要想让机器人在危机中迅速做出反应，需要把它们的大脑和反射反应与感觉和动作紧密联系起来。[11]简而言之，必须把它们造得更像生物。

这一方法的灵感来源并不局限于陆生动物。例如，人们早就认识到，与人造船相比，鱼的效率和机动性更高。鱼在水中前进时需要的能量更少，它们在追逐猎物时可以产生令人难以置信的加速度，也可以突然转向，以避免自己成为猎物。1989年夏，迈克尔·特里安塔费卢（Michael Triantafyllou）和乔治·特里安塔费卢（George Triantafyllou）

兄弟在科德角的伍兹霍尔海洋研究所和同事们聊天时，意识到研究者对高效的深海探测机器人存在巨大需求。兄弟俩想从鱼的运动中获取灵感，通过研究从金鱼到鲨鱼的各种鱼类，他们发现了一种拍动尾巴产生推进力的最优方法。基于观察，兄弟俩制作了一条40英尺长的机械蓝鳍金枪鱼。他们发现的生物学原理对他们制作机械模型很有效。值得注意的是，在论文的结尾，他们提出了一些关于鱼类游泳的深刻问题。

> 虽然海豚和金枪鱼在游泳时速度都很快，身体弯曲的方式相似，但它们在游泳的细节上有明显的差异。它们都是最优解吗？如果有一个更优，这种优势是否只适用于某些情况？我们更关心的是，是否存在比它们更好的游泳设计？[12]

换句话说，海豚和金枪鱼的游泳方式同样有效吗？如果是的话，我们该如何选择？这个问题某种程度上是布里丹之驴的一个变种。这对水生生物来说不是问题，因为它们的选择方法是在演化中形成的，但对机器人专家来说就是一个重大问题了。

当特里安塔费卢兄弟的机器金枪鱼第一次游泳时，凯斯西储大学的研究人员正致力于通过生物学来改善地面机器人的运动。他们从生物学中汲取了大量灵感（如蟑螂和竹节虫的解剖学和神经学结构等），研发了一些六足昆虫机器人。研究人员描述说："我们总是尽可能采用更多的生物学结构，哪怕有些结构一开始看起来并没有必要。采取这种策略的原因很简单：它几乎总是能带来回报。虽然大自然采取的方案可能不是唯一的方案，甚至不一定是最好的方案，但我们一次又一次地发现，密切关注生物系统会带来意想不到的好处。”[13]

昆虫机器人的设计借鉴了19世纪末20世纪初反射研究的经验。研究者给每个肢体都设计了有效的本体感受反射：人工神经元将肢体朝前还是朝后的方向信息发送给控制着它们的起搏神经元。此外，腿上不同的起搏神经元还会相互抑制，就像生物的拮抗肌神经一样。这种抑制改善了腿的协调性，防止相邻的腿同时迈步。许多其他的反射也被植入了这个系统，其中一种叫作“升降反射”：如果一条向前摆动的腿遇到了障碍物，它就会后退，把自己抬到更高，然后再试一次。还有一种叫“搜索反射”：如果一条腿在摆动结束时没有找到一个稳定的立足点，它就会搜索附近区域，直到找到为止。

1994年，研究人员在崎岖的地形环境中测试了一个基于昆虫设计的机器人，它大约长50厘米，高25厘米。所谓的地形就是一块很大的聚苯乙烯泡沫塑料，高度变化约11厘米。聚苯乙烯泡沫塑料是一种很好的测试材料，因为它很软，且可以弯曲，类似于但丁二号滑倒的地面。机器人表现得很好，它能够综合利用升降反射和搜索反射，以2厘米每秒的速度协调地在崎岖地形上移动。[14]

在一次回望20世纪早期生理学研究的会上，同一个研究小组还针对他们的机器人在神经连接被切断时的鲁棒性①进行了研究。他们在各种神经连接中加入“损伤”，证明他们的机器人在受损时仍能保持一定程度的功能。即使某条腿完全丧失功能，也不会严重妨碍机器人的行动。[15]

虽然六足机器人可以说是一个重大的进步，但机器人需要更多的

① 鲁棒性（robustness），指系统在异常和危险情况下的生存能力。——编者注

功能，才能在不受控的环境中生存。现实世界中的地形落差可能比机器人自身还高，它们必须为此做好准备。这对设计能攀爬光滑垂直表面的机器人来说至关重要，比如2007年受壁虎启发制造的机器人。[16]因而落猫问题再次变得重要起来，这或许能为机器人提供一种方法，使它们能够自我调整、连续运动并安全落地。

实用猫形机器人的研究落后于其他类型的机器人。在机器金枪鱼游动、机器竹节虫前行的差不多同一时间（1995年），美国韦伯州立大学的约翰·罗纳德·加利（John Ronald Galli）为下落的猫设计了一种精巧的机械模型。他并非机器人领域的专家，而是在阅读了克利夫·弗罗利希（Cliff Frohlich）1980年发表的一篇文章后受到启发，才开始研究落猫问题的。弗罗利希这篇关于猫翻身和人潜水的文章，在没有引用的情况下介绍了1935年拉德马克和特尔布拉克的弯曲—扭转模型。[17]

加利建立了几个落猫的模型，一个比一个复杂，如图10–3所示是其中最简单的一个。两个圆柱体分别代表猫的前半身和后半身；弹簧代表灵活的脊椎；身体的两部分之间有一根橡皮筋，代表充满能量的肌肉。当猫被释放时，橡皮筋中的张力导致身体各部分实现弯曲—扭转，从而翻转180°。

加利的模型大体上属于仿生机器人建模的范畴。对于有兴趣向学生解释落猫问题的物理教师来说，他的装置已经成了一个标准工具。直到最近，人们还可以在网上买到它的高级版本，包含腿、脊椎的额外关节和金属丝制成的猫脸。

在机器人身上实现稳定的翻正反射则更为困难，因为猫可能从不同的角度下落（脚朝上、侧面朝下、头朝下等等），初始状态角动量可能为零也可能不为零，不可能用一种策略解决所有情况下的问题。例

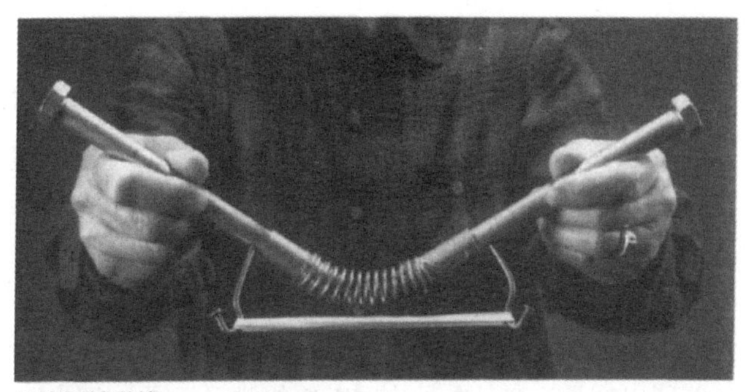
压缩机械弹簧

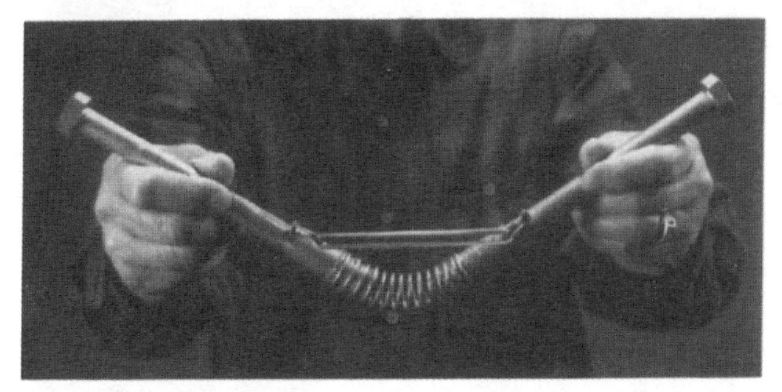
弹簧保持压缩状态并翻转

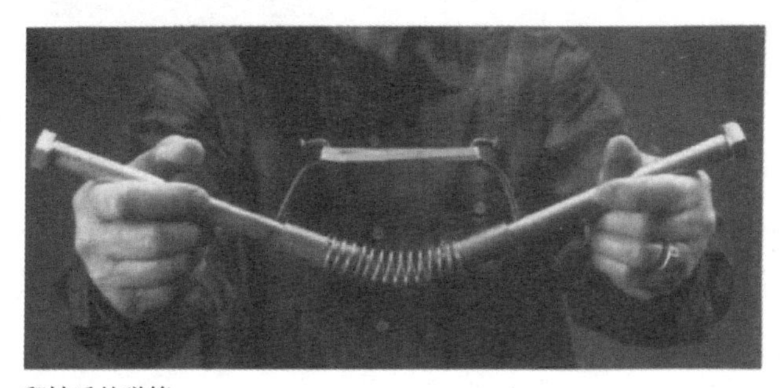
翻转后的弹簧

图 10-3 加利关于猫的机械模型，这几张图分别描述了落猫运动的某几个阶段

图片来源：加利《角动量守恒和猫翻身》，原载《物理教师》1995年第33期404—407页，图片位于404页，经美国物理教师协会授权使用。

如，某一种特定的操作能使一只脚朝上的猫正面朝上着地，但如果一只侧身朝下的猫采用了这种操作，则会以另一面着地。猫或机器人在下落时，必须考虑下落时的确切状态，通常需要在零点几秒内调整相应策略。

设计这样的机器人的难点实际上又回到了布里丹之驴的悖论。猫原则上可以用许多种不同的方案来翻身，如果确定方案的标准是必须在最短的时间内翻身，一旦两种方案需要的时间相同，机器人可能会因为无法选择而背部着地。有两位研究人员指出："至今仍未找到在不使用净外部转矩的情况下重新定向复杂多关节系统的通用策略和控制方法。回答这个问题的困难在于，可以使一个多关节系统在空中任意地重新定向而无须使用净外部转矩的方法，通常有无数种。"[18]

为了使机器人不至于面对两种"同样好"的翻转方法而无法选择，工程师必须十分精确地定义"好"的概念，使得在任何特定情况下只允许存在一种可能的方法。这就是为什么大量落猫问题的研究都完全集中在问题的数学解法上。一篇早期论文使用了猫下落的照片来研究前庭系统在控制猫下落过程中动作的作用。[19]这篇论文的重点不是机器人，但其结果指导了未来的研究人员。

1998年，亚利桑那大学的阿拉·阿拉比安（Ara Arabyan）和蔡德亮（音译，Derliang Tsai）设计了一种算法控制方案，可以让一只下落的猫成功翻身。和早期的六足机器人一样，这个方案是分布式的：控制关节的执行器相互作用并提供反馈，就像本体感受反射一样。同凯恩和谢尔最初的模型一样，作者给猫的运动加了一些限制条件，以降低待解决问题的难度，同时避免布里丹之驴的悖论。随着20世纪90年代后期计算机动画技术的兴起，他们为其中一个落猫模型绘制了计算机动画。正如作者所指出的，他们计算机生成的落猫问题解决方案与猫下落的真实照片非常吻合。[20]

关于落猫问题的数学研究一直持续到21世纪。2007年，中国研究人员使用了一种被称为非完整运动规划的技术来研究落猫问题。2008年，以色列研究人员引入了一个奇怪的“方形猫”模型来阐明这个问题中一些更深层次的数学原理，这只“方形猫”有四条等长的腿，以柔性关节连接在身体上。2013年，马萨诸塞大学洛厄尔分校的理查德·考夫曼（Richard Kaufman）引入了“电子猫”，一种能执行弯曲—扭转动作的简单机械模型。考夫曼的结论是，猫的弯曲—扭转动作足以说明猫翻身的能力，而马雷的蜷缩—翻正方法最多只能算是次要的贡献。2015年，另一组中国研究人员采用了复杂的乌德瓦迪亚-卡拉巴方程（Udwadia-Kalaba equation）来研究猫下落的动力学。[21]

这些后来的研究（除了电子猫模型以外）的重点已经从解释猫如何翻身转至解释如何使用数学得到相同的结果方面。这潜在表明，人们已经知道猫是如何以最佳的方式翻身的了，现在数学家的目标是用数学语言将这种演化产物的过程模拟出来。

在所有动物的翻正反射中，猫的翻身是最复杂的，其他动物采用的策略则更简单，机器人专家对这些策略进行了更详细的探索。一篇2011年的关于翻正反射的综述提出了4种模型，其中许多是我们以前见过的。[22]“下落前调整角动量”是最开始麦克斯韦等人对猫翻身的解释，认为机器人或动物可以在下落前调整自己的角动量来开始旋转，这一模型存在不足。“身体通过肢体运动转向”指的是空军的套索等动作：通过抡转手臂，让身体反向旋转。“没有初始角动量的扭转”指的是像猫翻身一样的翻转，包括蜷缩—翻正和弯曲—扭转。

第四种模型可能最不美观却是最实用的："后验自我翻正"，即在着地后翻正。有些动物会在一只脚着地时、整个身体着地前，试着利用那只着地的脚作为杠杆翻身。[23]自然界的一些生物，包括甲虫，已经掌握了一种奇特的方法，可以在四脚朝天着地后把身体翻转过来。

> 已知一些种类的甲虫（比如隐唇叩头科）在背部着地时会将身体弓成弧形，储存弹性能，然后突然跳起释放能量，实现翻身。其他如阎甲科的甲虫，会打开他们的鞘翅（后翅的坚硬保护壳）对着地面扇动，然后突然停止，通过反弹实现翻身。[24]

从某种意义上说，第四种方法就是不断重复：如果一只甲虫背部着地，它会把自己抛向空中，然后再试着腹部着地。

一些体重轻的昆虫显然不需要借助自身力量来翻正。对竹节虫幼虫的研究表明，空气动力本身就足以使其翻身，也就是说它们借助下落时感受到的"风"就可以翻身。[25]值得注意的是，这种现象与1700年帕朗提出的猫翻身的方式非常相似。虽然这种说法对猫来说是错误的，但对某些昆虫来说显然是正确的。

解剖学展示了其他动物更简单的翻身策略。因为蜥蜴的尾巴和身体大小差不多，所以它可以使用皮亚诺的螺旋桨策略来翻身。2008年，加州大学伯克利分校的研究人员分析了蝎虎（*Hemidactylus platyurus*）的翻转行为，目的是设计一种受生物启发的能自主翻正的机器蜥蜴。他们制造的原型机大小和形状与2007年受壁虎启发的攀爬机器人相同（图10–4）。结果令人印象深刻：原型机在0.3秒内就能翻转180°，与他们的模型一致，足以满足大多数自我翻正的需要。[26]

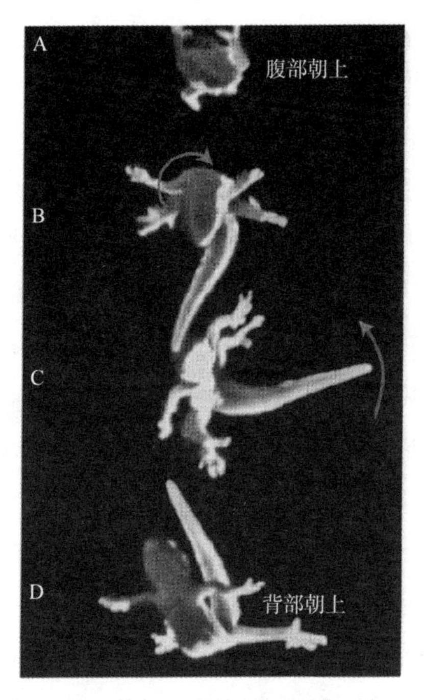

图 10–4 自我翻正的壁虎

图片来源：优素菲（Jusufi）等，《活动的尾巴增强壁虎的空中翻身技巧》，原载《美国国家科学院院刊》（*PNAS*）2008年第105期，4215—4219页。版权属于美国国家科学院。

这些生物和受它们启发的机器人还可以用尾巴来控制跳跃。在可能是有史以来标题最伟大的论文《蜥蜴、机器人和恐龙的尾巴辅助跳跃》（Tail-Assisted Pitch Control in Lizards, Robots and Dinosaurs）中，伯克利研究小组研究了飞龙属蜥蜴的跳跃，并用此数据提高机器人的跳跃的稳定性。[27]一个机器人从斜坡上以《杜克兄弟》①的风格飞起，

① 美国动作喜剧电视连续剧，于1979年至1985年播出。——编者注

因为机器人的前半身比后半身更早离开斜面，在重力作用下，机器人将向前倾斜，前半身先着地。然而，机器人（其实是机器蜥蜴）通过向上摆动尾巴，利用角动量守恒提高了它的前半身，从而得以安全着陆。研究人员还根据研究结果和古生物学数据，推测了在电影中出名的蒙古伶盗龙（*Velociraptor mongoliensis*，俗称迅猛龙）是如何跳跃的。他们指出："尽管之前有人指出了被动的尾巴在调整身体姿态方面的局限性，但如迅猛龙这样的小型兽脚亚目恐龙的尾巴会主动摆动，它在空中的技巧甚至可能超过现代树栖蜥蜴。"如果你觉得迅猛龙看起来已经没那么可怕，不妨想象一下它们像跑酷技巧高超的杂技演员一样追逐猎物的场景。

虽然猫的尾巴在翻身动作上起的作用远不如蜥蜴有效，但实验研究表明，猫也会用尾巴来保持平衡。[28]在这项研究中，高速摄影再次发挥了作用。研究者让猫在狭窄横梁上行走并拍摄视频，待猫走到一半时，再突然把横梁移到一边。视频画面显示，猫通过摇摆尾巴来抵消这种意想不到的运动。

其他生物甚至演化出了更不寻常的空中调节技术，这些技术也适用于机器人。人们发现，跳蛛起跳前会在高处绑一根丝，通过延长丝线控制张力，可以调整它们的高度，从而平稳落地。2015年，开普敦大学研究人员表明机器人也可以使用这种策略。[29]为保证重量足够轻，他们的机器人LEAP（Line-Equipped Autonomous Platform，意为装备线的自主平台）是用乐高积木的底盘搭建的，最后的机器人总重88克。LEAP可以通过使用自己的前庭系统（一个加速度计）来决定是否使用线来翻身。在发射平台上，机器人受到正常方向的重力加速度；被发射时，机器人所感受到的重力消失会触发它开始使用线进行牵引控制，就像猫的翻正反射被失重的感觉激活一样。

随着研究人员对动物运动的深入，他们发现的动物在空中自我翻身的独特方法也越来越多。在可能是有史以来标题第二伟大的论文《狐猴跳跃的空中机动动作》中，波多黎各大学的唐纳德·邓巴（Donald Dunbar）研究了环尾狐猴在半空中不寻常的转向。[30]狐猴在高树上可以从抱着树干的姿态出发，从一棵树上跳跃到另一棵树上，并面向那棵树的树干以便抱住着陆。在这种情况下，狐猴有两种策略：一种是在抱着前一棵树的树干时就开始旋转（“下落前调整角动量”）；另一种是在着陆前用尾巴调整进行旋转（“身体通过肢体运动转向”）。

即使有翼的生物也会利用不同寻常的自我定位技术。2015年，布朗大学的研究人员证实，昭短尾叶鼻蝠和短耳犬蝠会控制翅膀的惯性在空中非常快地飞行。[31]这一策略可以被认为类似于猫的蜷缩—翻正模型，即两只翅膀代替猫身体的两部分。蝙蝠收起一只翅膀，从而让另一只翅膀的运动对身体的旋转产生了巨大的影响。研究人员认为，这些知识将有助于改善飞行机器人的表现。

但有没有人真正制造出机器猫的实体模型来呢？早在1992年，日本的研究人员就研究了猫翻身的弯曲—扭转模型在机器人学中的应用；他们的机器人很可能是第一个真正基于落猫问题原理的机器人。原始论文以日语写成，来自信州大学的河村隆是作者之一，他在2014年发表了一篇英文概述。[32]他们的猫模型有点儿类似于加利的两个圆柱体由弹簧连接的机械猫模型，不过它使用的是一个主动控制的方案。这只猫的“肌肉”是由气压驱动的执行器，它可以在自由落体的时候主动控制机器人。不过，日本研究人员的目的并不是设计一个能自动翻正的多功能机器人，而是验证弯曲—扭转假说。

大部分关于机器猫的研究都是最近才开始的，似乎主要是因为很难设计出可靠的控制系统。2013年，阿德莱德大学的研究人员模拟了一只机器猫的下落。[33]面对各种各样的翻正策略，这个澳大利亚的研究小组选择设计了一个可以实现马雷蜷缩—翻正模型的机器猫。如图10–5所示，根据他们的模拟，猫将在半秒多的时间内翻身。研究人员计划制作一个原型机。

2014年，佐治亚理工学院凯伦·刘（Karen Liu）的团队成功地制造出了一个借鉴了猫的机器人，它能够动态调整自己在空中的位置，翻转身体。这个机器人看起来不太像猫，它由三部分组成，三个部分之间以铰链连接，铰链可以互相独立地弯曲，以控制方向。和考夫曼

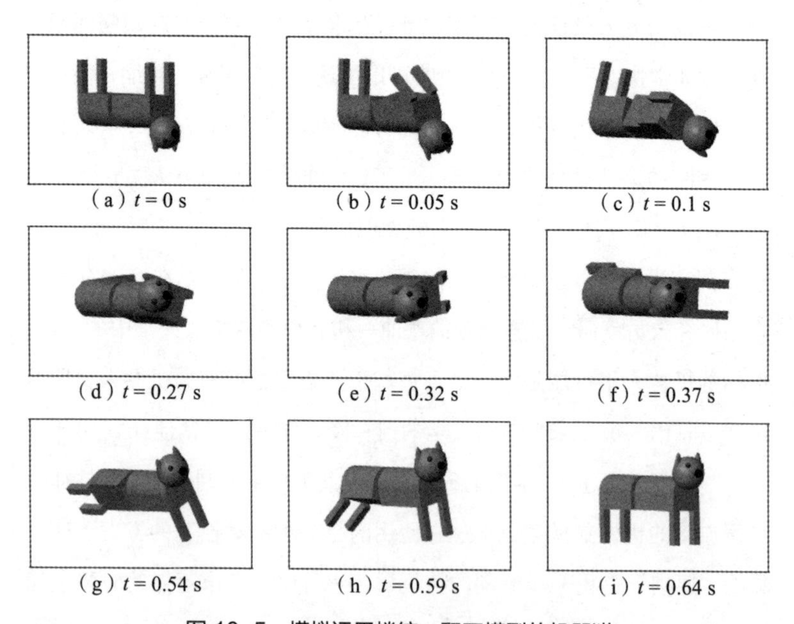

图 10–5 模拟运用蜷缩—翻正模型的机器猫

图片来源：希尔兹等人《以脚着地的机器猫》，经论文作者授权使用。

的电子猫一样，这个机器人也利用了非完整运动规划。他们的机器人还不能应对真正自由落体运动的速度和冲击，所以研究人员测试它的方式是让它滑下一个倾斜的空气曲棍球台，结果还不错。这项工作引起了全美的关注，尽管有些文章在介绍它结果时半开玩笑地说："所以在遥远的将来，当你看到一个可怕的机器人从悬崖上跳下时，你应该怪猫。"[34]

2017年，又有其他小组在机器人学的落猫问题上取得了重大进展。在一个合作项目中，英国和伊朗的研究人员设计了复杂程度不断增加的机器猫模型，分别包含2个、3个和8个身体部分，并开发了一套控制系统来避免"奇点"——也就是布里丹之驴的问题。原型机也在设计中。[35]

值得一提的是，2017年，迪士尼研究中心的摩根·波普（Morgan Pope）和京特·尼迈尔（Günter Niemeyer）开发了一个下落机器人。[36]这个机器看起来一点儿也不像猫，而是像一块装饰着电路的砖，因此被命名为二元自动惯性控制砖（Binary Robotic Inertially Controlled bricK，BRICK①），其翻身原理遵循麦克斯韦关于翻身的观点。它在下降前会有一个大的水平旋转，并通过控制内部转动惯量来控制旋转速度。这个机器人能够成功地调整自身方向从而通过砖形槽。

中国研究者赵家轩、李露、冯宝林制作了一个机器猫的原型机，这可能是第一个实际制造出来大致像猫的机器人。[37]他们使用的猫翻身模型主要基于弯曲—扭转模型，但允许机器人的腿自由摆动以优化运动。虽然这个机器人的动作令人印象深刻，但它本身似乎是遵循事先

① BRICK这个缩写在英语中正是"砖"的意思。——编者注

写好的程序做动作的，而不是像真正的猫一样在空中根据实际情况预估着陆的最优解。在自由落猫机器人中，数学和机械的完全统一尚未实现。

然而，普通的行走和跑步机器人却突飞猛进。2013年以来，波士顿动力公司一直在开发一款名为阿特拉斯（Atlas）的人形机器人，它具有惊人的协调能力，身形巨大，高近6英尺（约1.83米），体重330磅（约150千克）。2017年，波士顿动力公司发布了阿特拉斯在盒子上跳跃甚至后空翻的视频。一年后，它又发布了一段阿特拉斯在草地和不平坦的地形上奔跑的视频。一篇网络报道评论道："波士顿动力公司的机器人阿特拉斯现在可以在树林里追着你跑。"[38]撇开这末日预言一般的口吻不谈，阿特拉斯体现了从但丁二号挣扎着用八条腿从火山口爬出来以来机器人的发展。然而，自阿特拉斯以蒸汽为动力的亲戚赫拉克勒斯诞生至今，一百多年以来，人们对机器人的恐惧并没有太大改变。

并不是每个正在设计制造的机器人都是对人类的潜在威胁。玩具公司孩之宝（Hasbro）的工程师正在与布朗大学的研究人员合作，改进他们最初对猫形机器伴侣阿列斯（ARIES，Affordable Robotic Intelligence for Elderly Support的首字母缩写，意思是可负担得起的机器人智能养老服务）的设计。[39]这个机器人看起来像一只猫，也可以发出"咕噜咕噜"和"喵呜喵呜"的声音，它价格低廉，可以担任老年人的同伴和助手。阿列斯能模拟真猫的部分活动，如用腹部翻滚，经编程后能够提醒主人预约医生和吃药的时间。模仿猫咪毛茸茸的可爱外表，是现代机器人模仿生物的另一个方向。

11

猫翻身的挑战

> 故事是这么说的，很久以前，一群盲人坐在路边，他们听说大象要来了，纷纷表示希望看到它们。一个盲人摸了大象的腿，说大象看起来像一根柱子。另一个摸到大象的鼻子，说它看起来像一条绳子。第三个人摸到大象的耳朵，确信它看起来像一把扇子。第四个人摸到了大象的尾巴，并相信大象看起来像一条蛇。[1]

回顾最近关于落猫机器人的研究，值得注意的是，对于猫自由落体时究竟是如何翻身的，研究者们仍然存在重大分歧。一些研究人员采用蜷缩—翻正方法来设计机器人，另一些人则采用弯曲—扭转模型。机器人学家的观点分歧正是物理学家观点分歧的真实写照。机器人研究员河村隆描述了这种困惑："有趣的是，物理学和动力学教科书中关于猫科动物自我翻正的解释，仍然是相互矛盾而模棱两可的。"[2]

猫在自由落体时是如何翻身的这样普通的问题，却让拥有最先进理论和技术的科学家困惑不解了一个多世纪，这无疑令人吃惊。从马雷拍摄猫下落时翻身的照片到今天，我们已经了解了原子，建立了全球互联网，把人送上了月球，但是科学家们怎么仍然没能完全理解并复制猫的运动呢?

部分原因在于，物理学家用于分析问题的传统策略与自然实际上解决问题的方式（即生物演化）并不完全一致。艾萨克·牛顿的工作是展示物理学家如何思考的一个好例子。牛顿把对行星、彗星和地上物体运动的一系列令人困惑的观测统一到了同一个引力理论中，借助牛顿运动定律和大量的数学推导，该理论可以解释上述所有物体的运动。一直以来，将对自然的复杂的观察结果还原为最简单形式的想法一直是物理学的指导原则。我们已经知道，在19世纪60年代，扔猫先驱麦克斯韦表明电、磁和光这些看似截然不同的现象都可以用电磁学来解释。一个世纪后，在20世纪70年代，研究人员进一步表明，控制不稳定基本粒子衰变的弱核力应该与电磁力有关，它们可以被看作同一个基本现象，即电弱相互作用。今天，理论粒子物理学家和实验粒子物理学家都在寻求一种大统一理论，这种理论可以将电弱相互作用与引力和强核力联系起来，表明它们都是一种基本力的不同方面。

因此，物理学家在进行复杂的物理观测并试图将它们归结为单一现象方面有着悠久的历史。但情况并非总是如此，因为物理学家研究的问题变得越来越难，他们的策略已经与时俱进，但物理学界总有一种寻求单一“原因”的本能。

但自然感兴趣的不是简洁，而是效率。在自然界中，问题最简单的解决方案是没什么意义的，最优方案才有意义，而这可能涉及几种行为或运动。我们可以看到，不考虑帕朗的错误解释的话，到目前为止，猫翻身的不同策略有四种。

1. “花样滑冰式下落”，由麦克斯韦提出（约1850年）：猫开始下落时已经在旋转了，从而像花样滑冰运动员那样通过伸出或收拢爪子来改变整体的转动惯量以改变旋转速度。
2. “蜷缩—翻正”，由马雷提出（1894年）：通过有选择地蜷缩某对爪子，猫可以改变身体那部分的转动惯量，允许它先旋转一半，然后旋转另一半，不会出现显著的反向旋转。
3. “弯曲—扭转”，由拉德马克和特尔布拉克提出（1935年）：通过弯曲腰部，猫可以反向旋转身体的两个部分，让两个部分的角动量相互抵消。
4. “螺旋桨般的尾巴”，由皮亚诺提出（1895年）：通过在一个方向上像螺旋桨一样旋转它的尾巴，猫可以让它的身体往另一个方向旋转。

这些策略中，猫真正采用的是哪一个？许多物理学家，就像著名的盲人摸象故事中的盲人一样，只挑出猫复杂运动的一个特定方面，而忽略了其他所有方面，并宣布这个方面才是“正确”的。对物理学家来说，一系列的照片经常扮演着罗夏测验[①]的角色，每个观察者看到的东西都与前一个不同。

对猫翻身的选择性解释几乎在马雷时代就开始了。1911年，W. S. 富兰克林（W. S. Franklin）在《科学》杂志上发表了一封信，信中展示了J. F. 海福德（J. F. Hayford）给他的关于落猫问题的解释。在信中，

① 罗夏测验是瑞士精神病学家赫尔曼·罗夏（Hermann Rorschach）发明的一种人格测验，让被试观察一系列墨迹图，并说出他们从中看到并联想到了什么。每个人根据环境和心境的不同，看到墨迹联想的画面也各不相同。

如图11–1所示，富兰克林对猫的运动做了说明，并做了介绍性的描述："猫的身体有两种简单的运动方式可以让它们围绕*AB*轴旋转，即（a）将猫身体视为刚体结构，绕着*AB*轴旋转；（b）扭动：猫身体的每个部分都绕着曲线*CD*旋转。"这相当于是对20多年后拉德马克和特尔布拉克提出的弯曲—扭转模型的粗略描述。但海福德的解释很快就在另一封J. R. 本顿（J. R. Benton）写给编辑的信中被否定了。本顿引用了一本包含马雷的照片和解释的书，他说："海福德教授的解释，虽然是可能的，但与摄影观察到的猫的实际表现并不相符。"[3]也许正是因为这些批评，海福德的解释没有得到任何支持，直到20多年后，弯曲—扭转模型才成为落猫问题单一解释的有力候选理论之一。

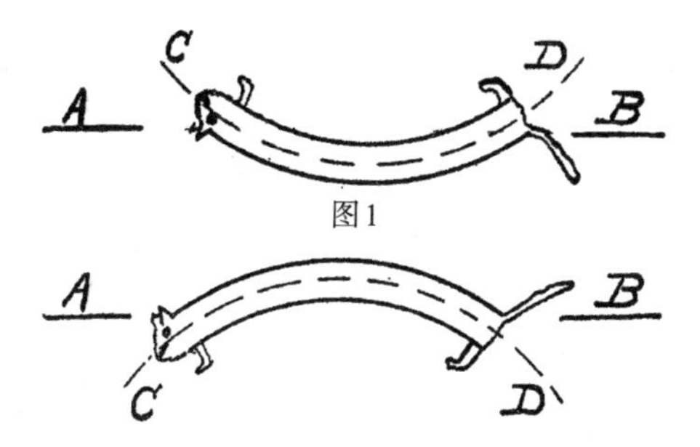

图11–1　W. S. 富兰克林对落猫问题的解释

图片来源：富兰克林《猫如何在空中翻身》。

基于摄影分析的争论至今仍然存在。我曾经给一家物理学期刊提交过一篇关于猫下落的论文，我在文中用弯曲—扭转模型分析了猫的运动。有位审稿人对此提出了批评："我在研究优兔（Youtube）网站上关于猫下落的视频时，并没有看到这种动作。"1894年，第一批关于猫下落的照片并没有解决落猫问题，反而加重了它的神秘感。今天仍是如此。

在众多研究落猫问题的学者中，似乎只有一位对落猫问题的复杂性有着更为细致入微的看法，他就是在圣巴塞洛缪医学院工作的伦敦生理学家唐纳德·麦克唐纳（Donald McDonald）。1955年，他发表了第一篇关于这一课题的论文，大约就在美国空军关注这个问题的同一时期。对于自己为何对这一问题产生了兴趣，麦克唐纳是这样解释的：

> 一直以来，翻正反射在生理学课程的教学大纲中都有一席之地，而且同时总是配有猫脚朝上的插画进行说明。尽管猫的这一行为一直是生理学的未解之谜，马格努斯还是用他最初发现的头和身体的反射来描述它，现在所有的教科书都采用了这种说法。我想一定是我反应迟钝，因为我得承认，我从来没有看到过我应该看到的东西。[4]

出于好奇，麦克唐纳决定亲自研究这个问题。起初，他试图用摄影机以每秒64帧的速度来拍摄下落的猫，但这个速度不够快，无法清楚地观察到猫的动作。所以他联系了专门从事高速摄影的同事约翰·霍兰（John Holland），他们一起以每秒1 500帧的惊人速度拍摄了下落的猫。这个速度意味着，胶卷会以60英里每小时（约100千米每小时）的速度穿过照相机。要想捕捉到持续时间不到一秒的事件，必须使用大量的胶卷。

他们看到了什么？麦克唐纳在谈到马格努斯、马雷、拉德马克和特尔布拉克的解释时挖苦地说：“你可能会困惑不解，为什么三个不同的观察者会看到如此不同的画面。要想知道答案，就必须深入了解他们的研究过程和心理。”

直到最后，麦克唐纳也没有发现马格努斯说的猫螺旋旋转的证据，这并不奇怪，因为马格努斯的解释违反了角动量守恒。不过，麦克唐纳的确指出，马雷、拉德马克和特尔布拉克至少在一定程度上是正确的。如拉德马克和特尔布拉克所说，猫确实会弯曲并扭转，但也如马雷所说，它的腰部会转动，它的爪子也会伸展和收缩。麦克唐纳还观察到猫会旋转尾巴，正如皮亚诺所说的那样，“旋转方向常常和翻转方向相反”。然而，麦克唐纳似乎并没有从角动量的原理出发来判断尾巴的用处，他认为猫可能是在用“毛茸茸的尾巴”来抵抗空气阻力，或者用它来控制俯仰角度，就像几十年后的机器人那样。

但是麦克唐纳意识到了研究这个问题的其他人没有意识到的一个问题：猫不会被迫选择一种单一的翻转方法，而是会使用所有可能的策略来优化效果。因此，任何研究落猫问题的科学家如果假设猫只采用单一的基本策略，必然会感到困惑。蜷缩—翻正和弯曲—扭转的争论已经持续了很长时间，因为研究人员在猫的运动中可以同时找到这两种机制的证据。

这种困难不仅仅出现在物理学家研究生物的时候。数年来，甚至几十年来，许多看似普通的物理效应一直无法得到简单的解释，就是因为存在着大量可能的解释，也因为很难设计实验来验证这些解释。和落猫问题一样，影响因素不止一个。

之前讨论过地球的钱德勒摆动就是一个例子。虽然物理学家们很快就意识到摆动的原因是地球并非刚体，但在做出这一发现一个多世纪后，科学家们仍在继续研究哪些重要因素会对地球摆动产生影响。

还有另一个例子值得简要探讨一番。1969年，坦桑尼亚的学生埃拉斯托·姆潘巴（Erasto Mpemba）和达累斯萨拉姆大学物理学教授D. G. 奥斯本（D. G. Osborne）在《物理教育》（*Physics Education*）杂志上发表了一篇出色的论文，文章标题只有一个词：《冷却？》（*Cool?*）。姆潘巴和奥斯本的研究结果表明，在某些情况下，滚烫的热水比等量的室温水凝固得更快（这一现象后来被称为姆潘巴效应）。[5]《冷却？》的发表揭示了一个谜，它引发的争议在50年后的今天仍在持续。

姆潘巴在发现这一现象时，并没有预料到后来的事情。1963年上中学时，他只是喜欢和同学们一起做冰激凌，制作过程包括把原料煮沸、冷却到室温，然后把混合物放进冰箱。可是冰箱容量有限，有一次，在姆潘巴把沸腾的混合物放进冰箱的同时，他的同学把冷却到室温的混合物放了进去。姆潘巴惊讶地发现，他的冰激凌先凝固了。他把这个违反直觉的结果告诉老师，问老师这是为什么，却遭到了嘲笑。幸运的是，奥斯本参观了姆潘巴的学校，姆潘巴也向他提出了自己的疑问，于是，奥斯本同意自己做实验试试。

实验结果让奥斯本大为惊讶。“在达累斯萨拉姆大学，我请一位年轻的技术人员进行了实验。技术人员报告说，热水确实是先凝固的，在一阵不科学的热情之后他又补充说：‘但我们会不断重复这个实验，直到得到正确的结果。’”[6]

姆潘巴并不是第一个提出热水比冷水凝固快的人。早在2 000多年前，大约是公元前350年的古希腊，亚里士多德就写下了如下论述①：

① 原书引自《天象学》（*Meteorologika*），这里直接引用中国人民大学出版社2016年版《亚里士多德全集》的中译本，苗力田主编，其中《天象学》是根据《洛布古典丛书》希腊版翻译而来。

> 如果水先前已被加热，就有助于快速凝冻；因为这样会冷却得更快些。因此，当许多人想很快地使水冷却时，就先把它放到太阳下。旁托斯的居民们在冰上扎营钓鱼时（因为他们是在冰上凿一个洞，然后下钓），就在渔具上浇热水，因为它凝固得更快；因为他们把冰用作使渔具下沉的铅块。在温暖的地区和季节，聚集的水会很快变热。[7]

几个世纪后，自然哲学家弗兰西斯·培根在他1620年的著作《新工具》中写道："稍热的水比很冷的水更容易凝固。"1637年，据说曾扔过猫的笛卡儿出版了《气象学》，这是他的名著《方法谈》的附录，他在书中写道："我们还可以通过实验发现，长期保持高温的水凝固的速度比任何其他种类的水都要快。"[8]

自从姆潘巴在制作冰激凌的过程中观察到姆潘巴效应以来，已经有了许多大量后续的实验，有些实验结果与姆潘巴观察到的相同，有些则相反。姆潘巴效应是否存在这个问题之所以这么难回答，是因为人们提出了许多假设，而实际过程可能是多种效应综合作用的结果，这一点和落猫问题一样。

为了解释姆潘巴效应，人们提出了多种假说，其中一些如下：[9]

1. 对流传热。当液体被加热时，它可以形成对流，迅速将热的液体带到表面，通过蒸发损失热量。奥斯本指出，和没有经过对流冷却、一开始就是冷的液体相比，即便原本热的液体温度降到和冷的液体一样，对流也将使液体的顶部比底部的温度更高。温度下降导致冷却速度加快，这可以解释姆潘巴的观察结果。

2. 蒸发。沸腾的或非常热的液体由于蒸发会失去一部分质量。而液体的质量越小，冷却速度就越快，这可能会增强姆潘巴效应。不过，奥斯本已经指出，仅仅是蒸发不足以完全解释热的液体冷却速率比冷的液体快的现象。

3. 除气。1988年，一个波兰研究小组成功地观察到了姆潘巴效应，他们注意到，这种效应很大程度上取决于水中溶解的气体量。清除掉水中的空气和二氧化碳后，它凝固所需的时间就与开始时的温度正相关了。研究人员认为，气体的存在大大减缓了冷却的速度。加热的过程除去了水中的气，因此水可以更快地冷却。[10]

4. 过冷。1995年，德国科学家达维德·奥尔巴赫（David Auerbach）提出，姆潘巴效应可以用过冷现象来解释，并用实验予以证明。过冷是指液体在温度低于正常凝固点时仍保持液态的现象（只有在非常纯的液体保持静止状态时才会发生）。奥尔巴赫认为，冷水在冷却后虽然温度比热水更低，但是会出现过冷现象，所以结冰反而比热水晚。在2010年前后的一系列实验中，来自纽约州立大学宾厄姆顿分校的詹姆斯·布朗里奇（James Brownridge）测试了过冷假说，并在28次实验中全部成功观察到了姆潘巴效应。[11]

5. 溶质的分布。2009年，华盛顿大学的J. I. 卡茨（J. I. Katz）提出，冷水中的溶质可能会减缓凝固过程（正如前面所说水中溶解的气体会影响凝固过程一样），而且这些溶质会从正在凝固的水析出到尚未凝固的水中，进一步减缓了冷却过程。[12]

此外，还有其他许多论文和解释，这些各种各样的可能性使得姆潘巴效应难以区分，甚至在许多情况下根本难以稳定地观测到。如果姆潘巴效应和落猫问题一样，依赖于不止一个机制，那么只设计针对单一机制的对照实验就是无效的。另一个问题是很难严格地定义“凝固”，在姆潘巴效应的实验中，凝固是指液体完全凝结成固体，还是第一次见到冰就足够？

2016年，剑桥大学和伦敦帝国理工学院的研究人员通过一项实验得出了一个令人遗憾的结论：他们根本看不到任何姆潘巴效应存在的证据。但是戏剧性的是，2017年，两个研究小组独立证明，在理论上，热力学系统有可能发生姆潘巴效应。他们的工作很可能使争论继续下去，供新一代的科学家去探索。[13]

姆潘巴本人并没有跟进这项工作。相反，他在位于莫希的非洲野生动物管理学院拿到了毕业文凭。先后在澳大利亚和美国深造后，他成为坦桑尼亚自然资源和旅游部的首席动物保护官。在这个职位上的他从事的是野生动物管理和保护工作，毫无疑问，他会与比本书中所讨论的大得多的猫科动物打交道。2011年，已退休的姆潘巴在达累斯萨拉姆做了一次TEDx演讲①，讲述了自己的惊人发现和一生的故事。

作为动物保护者，姆潘巴不太可能看到狮子或老虎的翻身。关于这个主题，目前似乎还没有任何已发表的研究，但是对网上视频进行一番不太科学的搜索后，我发现狮子和老虎没有这样的反射，当它们遇到麻烦时，它们会垂直地挂在树上，然后用后腿着地。然而，一些体型较小的野猫却有这种能力。在英国广播公司（BBC）拍摄的一段高速视频中，非洲狞猫在下落时清晰地展示出了弯曲—扭转和蜷

① TED是英文technology, entertainment, design（技术、娱乐、设计）的首字母缩写，这个非营利性组织会举办TED大会邀请科学家、设计师、文学家、音乐家等各领域的杰出人物，在TED大会上分享他们关于科技、社会、人的思考和探索。TEDx则是TED旗下非官方、当地自发性的活动项目，x代表独立组织的TED活动。

缩—翻正动作。在另一段视频中，当一只美洲豹拖着晚餐从树上跳下来时，它显然是在像螺旋桨一样摆动尾巴。[14]

因此，关于落猫问题仍有进一步科学研究的空间。值得注意的是，直到20世纪60年代，唐纳德·麦克唐纳还在继续探索猫翻身的技巧，后来又将这项工作扩展到现在看来很明智的方向：高空跳水。1889年，高空跳水在苏格兰开始成为一项运动（只比马雷拍摄著名的猫照片早几年），但很快就发展成为一项受欢迎的运动。1912年的奥运会上首次出现了花式跳水项目。入水前，跳水运动员在空中做出复杂的扭转和翻正的动作，很明显，这一切都是由身体的局部扭转和旋转引起的。

麦克唐纳在1960年提出，人类可以做出类似猫的动作，并通过跳水运动员检验了这一想法。他后来在一篇文章中说："沃利·厄纳（Wally Orner）先生看到我对猫的研究后，找到了我，他曾负责训练上届奥运会①获得铜牌的天才跳水运动员布莱恩·费尔普斯（Brian Phelps）。我们拍摄了一些简单的实验过程，这些实验很清楚地表明，费尔普斯先生完全有能力在不借助跳水板的情况下，在空中至少完成360°的旋转。"[15]为了测试费尔普斯一开始是否有角动量，麦克唐纳指示他一开始只是在跳板上简单地跳跃，只有在听到口令时跳下跳板并旋转。费尔普斯可以在大约半秒内做一个360°的旋转，这跟猫很像。在另一次实验中，菲尔普斯更直接地模仿了猫的动作，头朝上把自己悬挂在跳水板下，试着在松手后旋转，费尔普斯做的正是拉德马克和特尔布拉克提出的弯曲—扭转动作，甚至应用了凯恩和谢尔描述的更复杂的向侧面倾斜的动作。

---

① 指1960年在罗马举办的夏季奥运会。——编者注

麦克唐纳并不是唯一把猫和花式动作联系起来的作者。1974年，H. J. 比斯特费尔特（H. J. Biesterfeldt）提出假设，体操运动员在空中旋转时，通常使用的就是我们现在所熟知的弯曲—扭转技术。1979年，克利夫·弗罗利希在试图弄清楚跳水运动员旋转动作的机制时，发现猫的下落和凯恩、谢尔研究中扭转身体的宇航员都是很好的例子。1993年，M. R. 伊登（M. R. Yeadon）在讨论空中旋转时也提到了猫。1997年，赫苏斯·达佩纳（Jesús Dapena）研究了类似于猫的动作在跳高运动员身体扭转过程中的贡献。[16]

尽管存在这些例子，但说落猫问题在体育的物理学研究中起到了重要作用还是有些夸张，不过它已经展示了人类旋转的非凡可能性。当然，我们仍需要一些明确的例子，以弗罗利希1979年的论文为例。

> 最近，康奈尔大学物理系的所有研究生、博士后和教师都收到了一份问卷，上面有很多关于表演某些空翻和旋转特技的物理可能性的选择题……然而，在回答问卷的59名物理学家中，有34%的人答错了第一个问题，56%的人答错了第二个问题，比例之高令人吃惊。[17]

这种困惑的场景让人联想起100年前人们对马雷拍摄猫下落照片的反应。即使在现代，物理学家在研究那些只涉及简单物理定律的复杂情况时也会误入歧途。

那么，我们该如何解释猫是如何翻身的呢？在考虑了所有模型的情况下，对证据的检验有力地表明，弯曲—扭转必然是猫使用的主要机制，再加上凯恩和谢尔1969年的模型提出的改进。但是这些证据也表明，猫可能混合使用了前面四种模型。这些选择并不互斥，而是可以很容易地结合在一起。猫可以使用弯曲—扭转的方法，同时伸展后腿并蜷缩前腿，这样它的上半身就能更快地向右转。它也可以反向旋转尾巴来加速上半身的旋转。而如果初始状态下的猫已经在旋转了，它也可以做这些动作来补充现有的旋转。

然而，所有的猫都是独立的个体。身形长而瘦的猫采用的策略可能与短而肥的猫稍有不同，而个别的猫可能会更侧重其中某个策略并在此基础上形成自己的风格。例如，我们已经看到，没有尾巴的猫也可以翻身，但是有尾巴的猫会利用尾巴来加速翻身。没有两只猫是完全相同的，我们也不应该期望任何两只猫会以完全相同的方式翻身。

12

猫和基础物理学

一天早晨，一位探险家离开营地去散步。他向南走了一英里，然后向东走了一英里，最后向北走了一英里，发现回到了原处。他回到帐篷里，听见一阵骚动，往帐篷外一看，看到了一只熊。熊是什么颜色的？

尽管对猫的物理学研究已经有了300多年的历史，但除了翻身的能力，猫还有一个更惊人的秘密。落猫问题和物理学中的几何相位这一概念有关，几何相位指的是一个系统完全由系统本身的基本几何结构（真实的或数学的）带来的状态变化。通过这种联系，我们可以把下落的猫与量子物理学中的现象、光的行为，甚至是在旋转的地球上的钟摆运动相提并论。下落的猫确实与基础物理学有很深的联系。

要理解几何相位的概念，从我们熟悉的地球表面开始介绍比较有助于理解。本章开头的引语是一个经典的脑筋急转弯，它有两个令人困惑的地方，但这两处其实有关联。为什么探险者不需要再向西走一英里走完一圈就能到家？熊的颜色到底和这些有什么关系？

答案是“熊是白色的”，它是一只北极熊。帐篷只可能位于北极点，这是地球上所有经线交汇的两个地点之一（另一个是南极点）。从北极点开始，一个人先向南，再向东，然后向北，会沿着一条三角形的路径回到原点，帐篷在三角形的顶点。

从这个脑筋急转弯我们可以知道，球体（如地球）的几何形状是很奇怪的。[1]我们用来确定地球上位置的经纬线几乎处处互相垂直，但由于这些线是画在一个球体上的，因此在北极点和南极点，这种描述会让人困惑。描述东西方位的圆形经线在极点交叉，描述南北方位的圆形纬线在极点处收缩成点。球体的几何形状与平面的几何形状有根本的不同，任何在球面上画平面或相反的尝试都会遇到类似的问题。这就是地球平面地图使用的“投影”为什么不可避免地扭曲了地图边缘附近陆地的形状和大小。例如，著名的墨卡托投影使格陵兰岛看起来几乎和美国一样大，而南极洲看起来和所有大陆加起来一样宽，但实际面积并非如此。这是因为墨卡托投影为了形成平面矩形的地图，拉伸了球体的顶部和底部。

几何相位是一个系统在沿着一个奇怪形状的表面（如球面）移动的过程中状态的改变。有个例子是我们经常在许多科学博物馆里见到的固定装置：一个自由悬挂着的巨大的摆，中心是一个类似罗盘的圆盘。这种摆叫傅科摆，以它的创造者里昂·傅科（Léon Foucault）的名字命名，于1851年与公众见面并广受赞誉，从那以后一直是人们津津乐道的话题。傅科摆受欢迎的原因是它简单而直接地表明地球正在自转。乍一看，钟摆似乎是沿着穿过其圆盘中心的一条线来回摆动。然而，任何人只要观察几分钟，就会发现钟摆的路径会慢慢改变，会像手表的分针一样绕着圆盘旋转。

但是钟摆本身并没有改变方向。事实上，是自由悬挂摆下的地球在旋转。如果把傅科摆放在北极点，24小时中，钟摆的振荡摆动方向似乎会随着地球的旋转而整整旋转360度，它会在当天结束时回到起始位置。如果把钟摆挂在南极点，它看起来会朝着相反的方向转动。所以傅科摆是观察地球自转的一种简单而直接的方法。

傅科1819年出生于巴黎，从未想过成为一名科学家。虽然他在很小的时候就显示出了机械方面的天赋，但他最初的志向是投身医学事业。然而，他发现自己晕血，只能临时转行投身科学事业。他一开始只是担任讲师的助手，但他的聪明才智很快为他赢得了研究员的身份和赞誉。

傅科在建造天文仪器时偶然想到了傅科摆的设计。他把一根柔韧的钢棒插入车床的一端，平行于车床的旋转轴，并无意中让棒振动起来。傅科注意到，即使在车床转动的时候，连杆仍然沿着同一条直线振动。通过一步精彩的推理演绎，他意识到地球上任何自由振动的物体都必须同样独立于地球的自转而振动。他自然而然地想到用钟摆来检验这个想法。[2]

傅科首先用在地窖里架起了一个小钟摆，用一条长2米的绳子系上重5千克的黄铜摆球。为了确保钟摆在一条直线上摆动，不会发生任何左右或椭圆形的运动，他先用另一根线把它固定在高处，然后把线烧掉，钟摆就可以自由摆动了。在钟摆球体的底部，傅科贴了一根小针，通过小针划过地面的痕迹就能观察到振动方向上的细微变化。在不到一分钟的时间里，他注意到钟摆的方向轻微但明显地向西移动，表明地球正在向东旋转。

摆的摆动周期随着摆长增长而增大，且摆长越长，摆动位移也越

图 12–1 伦敦理工学院 1851 年 5 月展示的傅科摆

图片来源：《世界奇观》（*The World of Wonders*，1883）。

大。此外，钟摆越重，越不容易被气流或悬挂装置的缺陷干扰而产生微小的移动。傅科很清楚这一点，所以在家里做了最初的实验之后，他在巴黎天文台建造了一个摆长11米的钟摆。这个钟摆只摆了两下，观察者就可以清楚地看到它向左移动了。这个摆的成功给了傅科信心，他在巴黎先贤祠的圆顶上竖起了他最大的钟摆，摆长65米。这个钟摆在国际上很有名，尽管它在1855年就被撤掉了。1995年，人们在原来的位置安装了一个复制品，从那以后它就一直在那儿摇摆。

傅科的实验在全世界引起了轰动。人们纷纷涌向先贤祠观看钟摆的活动，在短短几个月内，全球各地都复制了这一实验装置。听众先坐下来听一场著名科学家的科学讲座，之后，他们可以自己看到钟摆方向的变化。1856年的一份出版物这样记录道："钟摆狂热在全世界蔓延，直到一个巨大的钟摆成为每个体面家庭的必需品。"[3]

观察钟摆似乎是一项奇怪的消遣，尤其是在傅科发明傅科摆的时候，大多数人和所有的科学家都已经接受了地球在自转的事实，但是他的钟摆使这种运动以一种清晰而无可争辩的方式被人们看见。通过这种方式，科学家将宇宙的运动带入了讲堂。

在傅科的时代，钟摆运动的一个特殊方面似乎并没有困扰任何人，但它会产生深远的影响。如果在北极点安装一个钟摆，它的摆动方向将在一天内旋转360度。然而，放置在赤道上的钟摆根本不会旋转。在这两种情况下，钟摆在一天结束时会回到开始时摆动的方向。但是当一个钟摆被放置在一个中间纬度上，比如在巴黎先贤祠，会发生什么呢？在一天中，钟摆旋转角度小于360度。在先贤祠，钟摆摆动方向在一天内转动大约270度。

这就很奇怪了。如果我们忽略地球围绕太阳的运动（这在傅科的实验中可以不考虑），那么一天之后，这个摆就可以说是沿着纬线运动了一个完整的圆周，然后回到了它在空间中的起点。但是钟摆现在摆动的方向却变了！不知何故，钟摆绕地球球面的运动轨迹导致了钟摆与开始时不同的结束状态。

为了理解这一点，让我们做一个思想实验。想象你正拿着一个自助餐托盘，上面放了一个傅科摆。首先假设你进行圆周运动，转一圈走到你开始的地方结束。如果你一直向左走，钟摆就会向右偏移，当你回到原来的位置时，它就会沿着原来的方向摆动。[4]当然，钟摆在这个过程中并没有改变方向，改变方向的是你，因此钟摆表现出来的方向改变是因为你在转动。然后，请想象你沿着一条直线行走。在这种情况下，钟摆不会改变方向，但你也不会回到你的起始位置。

现在想象你把钟摆放在一个大的球面上（这并不难，因为我们每个人都生活在球面上）。如果你沿着地球上任何一个小圆圈走一圈，钟摆摆动方向就会再次转360度，就像你走在平坦的表面上一样，因为一个球体表面上的一小块区域近似是平的。这就好比在北极点有一个傅科摆，地球的自转使这个摆的摆动方向看起来是一天内旋转了360度。你也可以在地球表面走一条直线，不过在球体表面，直线的路径是一个大圆，如赤道或任何把球体平分成两半的圆。当你走在一个大圆上时，钟摆不会改变方向，但这条直线的路径与平面上的直线路径不同，因为球体的形状会把你带回起点，哪怕你一直沿直线行走，并没有转向。

最后，让我们想象一下，你带着摆沿着地球一条北纬线行走。除了赤道以外，这些纬度线都不是大圆，也就是说，它们不是球面上的直线路径。因此，如果你沿着纬线走，假设这条纬线经过巴黎先贤祠，你必须不停地往左边转一点点才能保持在那条线上。因此，当你行走时，钟摆的方向会向右偏转。然而，因为球面的形状会让你自然而然地回到起点，与在平面上沿圆形轨迹走过一圈相比，你需要转动的角度要小一些。在平面上，你需要主动旋转360度才能回到起点；在球面上，你回到起点，一部分是通过主动转向完成的，一部分则基于沿着地球的曲线行走。

因此，傅科摆正是表明几何相位的一个例子。地球的基本几何结构使得钟摆最终回到了同一个地方，但钟摆的运动状态和初始状态不一样。下落的猫身上发生的也是类似的事情。开始时，猫脚朝上下落，然后进行一些系统内部的弯曲和扭转动作。在猫做了这些动作之后，它的身体会恢复到原来没有弯曲的形状（相同的“位置”），但是猫现在是脚朝下的（不同的“状态”）。猫的弯曲和扭转类似于钟摆绕着地球转动，猫方向的变化类似于钟摆摆动方向的变化。从数学上讲，表现出这种变化的系统是非完整的，或称表现出非完整性。

非完整系统有很多不同的形态。再举一个例子，让我们回到本章开头的极地探险者的故事。我们现在要问的是，当探险者走在路上时，他的海拔是如何变化的？他可能会在路上的某个地方爬上一座山，提高了自己的海拔高度，但他稍后又会在某个地方走下坡，所以当他回家时，他的海拔高度是一样的。

现在假设他走进一个层与层之间有螺旋坡道连接的多层停车场。如果这个人沿着向上的螺旋坡道走下去，他就会不断地往上走，走一圈之后刚好比他开始的地方高一层。这是非完整系统的又一个例子：尽管这个人在南-北-东-西坐标体系里走的是一圈封闭道路，但他最终到达了一个新的海拔高度。这与钟摆回到同一终止位置的摆动方向发生变化，以及猫落地时身体朝向发生变化是类似的。

傅科时代的研究者似乎对傅科摆的非完整性并不是特别感兴趣。毫无疑问，他们更惊叹于傅科摆对地球自转的形象演示，关心的是推导出描述其运动的精确数学方程。又过了一个多世纪，物理学中的非完整性才在另一个相距甚远的背景下得到了真正的认可和欣赏：量子物理学。

近一个世纪以来，物理学家们已经接受了这样一种观点，即所有存在的事物都具有波和粒子的双重性质，这种奇怪的存在状态被称为波粒二象性，我们将会看到，这导致了薛定谔的猫悖论的产生。当单个量子粒子（如电子）被限制在某个区域中时，其波的性质导致了某些稳定且相对简单的运动的存在。这些运动状态被矛盾地称为“定态”，每一个定态都有明确定义的离散能量。我们可以通过一个振动的弦来形象描述这种定态，它在数学上类似于一个被困在一维“盒子”里的量子粒子。尽管弦可以以任何频率（能量）振动，但在某些频率下弦的振动方式非常简单。这些是弦的定态。这些状态可以用一根粗绳来演示，比如跳绳或螺旋形的老式电话线。将绳的一端系在一个固体上，然后稍微拉紧，快速摇动它就可以创造出这种“自然的”模式，类似于图12–2所示。

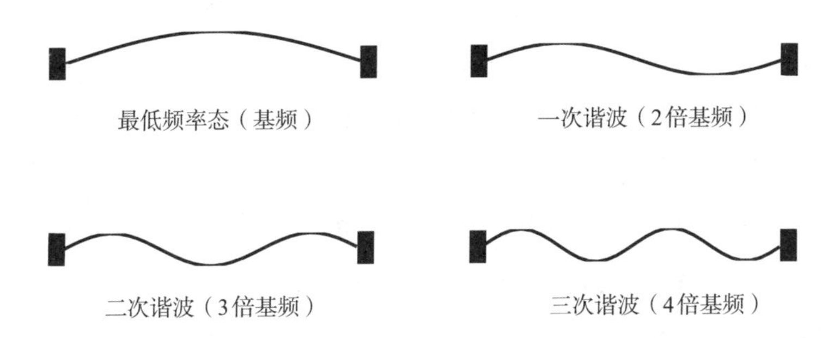

图 12–2 振动弦频率最低的几个定态。对于量子粒子而言，能量和频率成正比

图片来源：作者绘制。

量子粒子或振动波可以在形状稍微复杂一些的“盒子”里被激发。例如，波会在一个圆形的鼓面上振动，这类似于量子粒子被困在一个圆形盒子里，其定态和圆形面的边界条件有关。对于简单的形状，例如圆形盒子或长方形盒子，我们可以用数学方法求出定态的能量，这些基本的计算是大学本科物理课的内容。

然而，对于形状更复杂的势阱，我们通常无法直接计算，找到定态相当困难。20世纪70年代末，布里斯托尔大学的迈克尔·贝里（Michael Berry）想要研究这种情况下的定态。他特别关心的是找到两个或以上具有相同能量的定态系统，这种情况被称为简并。这样的简并态在贝里正在研究的问题中是非常罕见的，找到它们的唯一方法是同时从数学上研究一整类系统，并分离出存在简并的系统。这就像在三叶草草地里寻找四叶草一样，你必须仔细搜索整片草地才能在遍布的三叶草中找到四叶草。

贝里最终研究的问题是，一个量子粒子在一个三角形盒子里弹来弹去的情况，这类似于波在一个三角形鼓面上振动。[5]通过研究所有可以想象到的三角形形状盒子里的定态，就有可能找到那些含有简并态的盒子。此处，这类情况下的简并态被命名为“空竹点”（diabolical points，DP），因为它们与双锥结构有关，像空竹一样（而不是因为其中带有任何邪恶的东西①）。

三角形的形状可以用两个参数，也就是它的两个内角来描述，我们称之为X和Y。因为每个三角形的三个角加起来是180度，所以只要确定了两个角的大小，第三个角也确定了。因此，贝里和他的同事马克·威尔金森（Mark Wilkinson）发明了一种数学技巧，在盒子里寻找DP的每一个可能的X值和Y值。但是他们怎么知道什么时候发现了一个DP呢？在这里，他们发现了这个系统的一个奇怪特性。由于每个DP涉及一个三角形内能量相同的两个不同定态，贝里和威尔金森发现，如果将X和Y看作路径上的经度和纬度，在他们用数学“走遍”三角形集合的过程中，如果路径包含DP，走着走着波的两个定态就将翻转颠倒。

在这里，我们可以直接类比前面的多层停车场。就像如果极地探险者沿着车库的坡道向上走，就会在车库的另一层停下来一样，如果

① “diabolical point”这个名字来自空竹（diabolo），而前缀diabol-又有恶魔的意思。

一个人绕着DP“走”，三角形的波就会翻转，每个波的“上”就会变成“下”，反之亦然。不过这两者有个关键的区别，在停车场的行走是在真实空间中的行走，而贝里和威尔金森的行走是在数学结构间的理论行走。利用这项技术，他们在他们的一系列三角形“盒子”中发现了许多DP。

在这种情况下，波的变化准确的名字应该是拓扑相。拓扑学是数学的一个分支，它通过物体各部分的连接方式来区分物体，比如一个球体和甜甜圈是不一样的，因为甜甜圈中间有个洞而球体中间没有。多层停车场与一组堆叠的平行平面是不同的，因为其层与层之间有坡道连接。在贝里和威尔金森的拓扑相中，他们期待的最大变化是当从一个“层”走到另一个“层”时，波所发生的上下翻转。

拓扑相暗示着一项意义深远的突破即将到来。贝里所说的“孕育的时刻”出现在1983年的春季，当时他在佐治亚理工学院公开了自己的研究。贝里此前已经注意到，只有当磁场不影响三角形“盒子”里的粒子时，DP才会存在。他继续说道：

> 所以，如果一个弱磁场作用于三角形中的粒子，DP就会消失。在报告的最后，罗纳德·福克斯（Ronald Fox，当时的物理系主任）问，当磁场出现时，波的方向会发生什么变化。
>
> 这是一个触发点，是“孕育的时刻”。我的第一反应是，“我认为这是一个不同于π的相变”，然后我说：“今晚我来算一下，明天告诉你。”这话有点儿说早了，事实上，我们花了几周时间才正确地理解了几何相位。[6]

贝里已经认识到，一个量子粒子经过一系列缓慢的变化并回到它最初的环境时，最终可能会处于与开始时不同的状态。他进一步指出，在这个过程中积累的变化取决于所讨论的量子系统的几何结构，因此这种变化被称为几何相位。贝里偶然发现了多量子系统的一个以前未被发现的普遍特征，他于1984年发表了他的工作成果。[7]

以三角形“盒子”为例，假设我们考察等边三角形盒子中的电子并施加一个磁场。然后我们通过拉伸或压缩X和Y方向来慢慢改变这个盒子的形状，最后回到等边三角形。贝里证明的是，尽管盒子结束时的形状和它开始时的形状一样，但量子粒子的波的相位与一开始不同了，它与整个三角形盒子系列的几何结构有关。

说到这里，它与傅科摆的关系就显而易见了。钟摆沿着地球上封闭的纬线走了一圈，最终摆动方向和一开始的摆动方向不同；量子粒子在系统参数变化的封闭的路径上“走了一圈”，最终状态和初始状态不同。猫也一样，用它的身体部分做一系列的动作，然后把它的身体恢复到原来的形状，最后它的朝向和开始时不同了。落猫问题和傅科摆都是这种不断积累的状态变化的例子，这种状态变化就是几何相位。

尽管这项工作具有开创性，但当贝里得知其他研究人员也在同一方向上取得了一些小进展时，一开始他还是感到了气馁。1979年，有两位作者在原子核碰撞产生的波中发现了类似的相位。[8]贝里的情况有点儿像爱因斯坦。爱因斯坦在1905年发表了关于狭义相对论的论文后，人们认识到许多其他的研究人员已经分别发现了这个理论的一些零散的片段，然而只有爱因斯坦把这些片段整合起来，并揭示了它们的重要意义。同样，贝里对几何相位的认识也表明，它涉及了量子物理学的方方面面，甚至影响更广。

这一理论已经不知不觉地扩展到了光学领域。1986年贝里访问印度时，同行们请他注意20世纪50年代希瓦拉马克里什南·潘查拉特南（Shivaramakrishnan Pancharatnam）关于偏振光的研究。[9]早在19世纪60年代，麦克斯韦就证明了光是电磁波，还同时证明了光是由垂直于电磁波传播方向的电场和磁场共同振荡形成的，电场振荡的方向被称为光的偏振方向。如果我们能看到一束光内部电场的快速振荡，就会发现它的运动轨迹很像上文傅科摆的可能运动之一。[10]

偏振的“态”是由电场形成的椭圆形状及其角度决定的，可以通过各种光学设备（如偏振片）来改变。潘查拉特南研究了光的偏振从起始状态到各种不同状态再回到初始状态的连续变化过程，然后发现，最终电场的振荡状态与最初的偏振状态略有不同步，这种现象只能归因于偏振具体的变化过程。潘查拉特南多年前发现的这个现象，正是

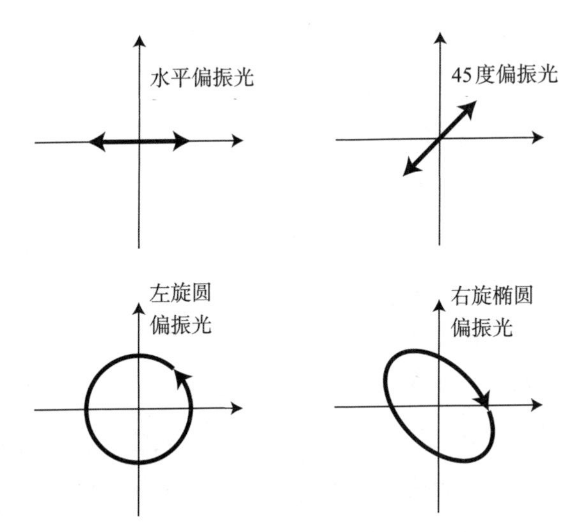

图 12-3 几类偏振光。粗实线表示人沿着光线传播方向看光线时的电场振荡

图片来源：作者绘制。

几何相位的一个例子。在这种联系被发现后不久，贝里写了一篇论文解释了这种关系，并将其归功于潘查拉特南。[11]

在下落的猫和几何相位之间建立联系则花费了更多的时间。1990年，杰罗尔德·马斯登（Jerrold Marsden）、理查德·蒙哥马利（Richard Montgomery）和图德·拉蒂乌（Tudor Ratiu）撰写了一本延伸著作，内容是几何相位对于具有大量运动部件的机械系统的含义和应用，书中简要提了一下下落的猫："在这种情况下，人们可以提出一些有趣的最优控制问题，比如'当一只猫在下落并翻身时（始终保持零角动量），它利用能量的效率是否达到了最高？'"[12]他们给出了一个人类版本的零角动量翻身的例子，我们可以看到这就是皮亚诺螺旋桨尾巴的模型，他们称之为"埃尔罗伊的小帽"（Elroy's beanie）。想象一个头朝上站立的人，戴着一个有螺旋桨的帽子，当人自由落体时，帽上的螺旋桨开始旋转，由于角动量守恒，人必然会反向旋转。然而由于人比螺旋桨重得多，所以螺旋桨每转一圈，人的身体只会转动一点点。因此，当螺旋桨回到它的起始位置后，人与小帽的整个组合的朝向相对于起始位置会有小小的偏移。

最深入讨论落猫问题中的几何相位的是物理哲学家罗伯特·巴特曼（Robert Batterman）2003年出版的专著。[13]在书中，他把下落的猫、傅科摆、偏振光，甚至是平行停车都作为物理学中几何相位的例子放在了一起进行讨论。最后一个例子值得简单解释一下。在平行停车时，汽车通过前后移动和转弯有效地侧移，这里"相位"是汽车侧面的位置，即使在运动开始和结束时汽车的朝向是相同的，其位置也已经改变了。

几何相位的发现告诉人们，许多复杂的物理问题都有一个美丽的基本几何结构。以傅科摆为例，它的几何结构是真实的，因为地球是球形的。而在下落的猫、量子粒子和偏振光的例子中，类似的几何结构则隐藏在问题背后的数学结构里。一旦这个几何图形被揭示出来，问题就容易理解得多了，甚至不再算得上什么问题了。

对于傅科摆，想象我们建立一个半径为1的地球模型来估算摆的运动，在球面上画出钟摆的轨迹。我们可以用数学证明，24小时过后，钟摆摆动方向转动的角度（单位是弧度，不是角度）等于在赤道和纬线之间的球面表面积（图12–4）。[14]

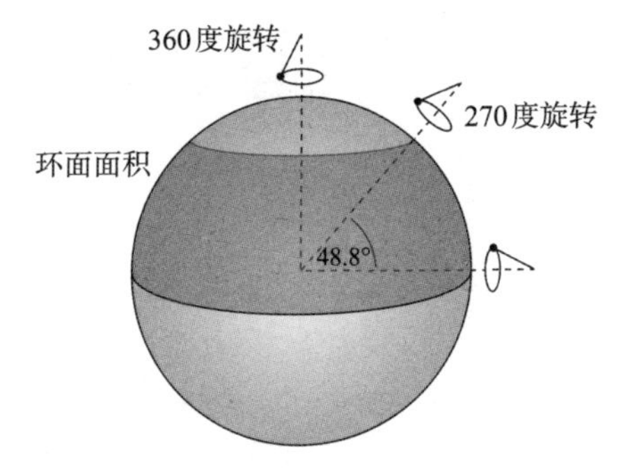

图12–4　钟摆摆动方向在24小时内旋转的角度等于在赤道和钟摆所在纬线之间的球面表面积

图片来源：作者绘制。

对于潘查拉特南发现的几何相位，我们可以用庞加莱球来计算光波的滞后。可以证明，光偏振的每一种可能状态都可以映射到单位半径球上的一点。在庞加莱球上，北极点和南极点分别表示左旋（逆时针）和右旋（顺时针）圆偏振光，赤道上每一点都为线偏振光，北半球和南半球则分别代表左旋和右旋椭圆偏振光。偏振光状态的任何连续变化都可以被描绘成庞加莱球上的路径，就像汽车上的GPS（全球定位系统）标记的从起点到终点的路径一样。如果路径是闭合的，也就是说，如果偏振恢复到原来的状态，光变化积累的潘查拉特南几何相位等于路径在球面圈出的面积的一半（图12–5）。

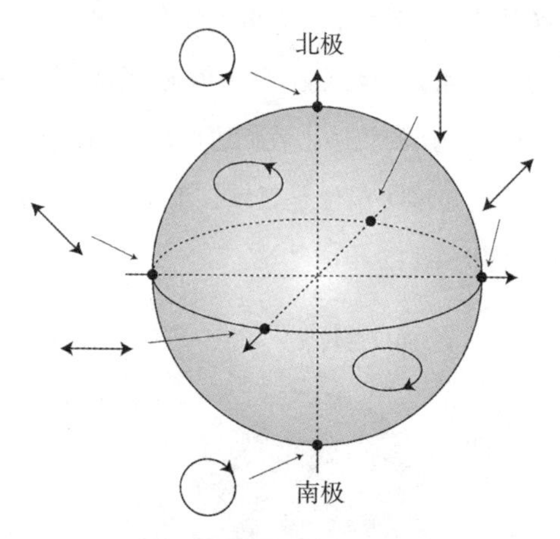

图12–5 庞加莱球。光的每一种偏振状态都对应球上一个点，偏振状态经过一系列改变回到原状态可以用球上闭合路径标识

图片来源：作者绘制。

落猫问题也可以同一个合适的几何形状的表面积联系起来。对于特定长度–周长比的猫，我们可以用一个球体来描述它的翻身（几何相位）。[15]使用拉德马克和特尔布拉克的弯曲—扭转模型，如图12–6所示，那么球体上的纬度代表猫在腰部弯曲的量，经度代表猫在腰部扭转的量。因此，猫的任何弯曲和转动都可以被建模为球体上的路径，并且可以证明，猫在翻正过程中自身的整体旋转等于该路径在这个“猫球”上圈出的表面积。

几何相位的真正美妙之处在于，它让我们得以使用非常简单的几何结构来解决非常复杂的问题。让我们再来看看20世纪60年代末凯恩

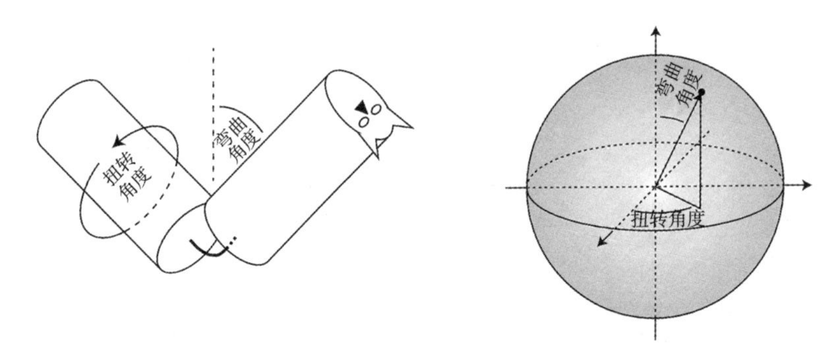

图 12–6 拉德马克和特尔布拉克的模型和能用来计算猫整体旋转的"猫球"

图片来源：作者绘制。

和谢尔为NASA提出的复杂的猫翻身模型。早期拉德马克和特尔布拉克模型有一个很大的局限性在于，它假设猫在整个扭转过程中脊椎弯曲角度不变，但猫显然不能像向前弯曲那样向后弯曲。凯恩和谢尔的模型使猫在扭转时减少了向后的弯曲，并在扭转的过程中有效地从一侧弯曲到另一侧。

如果我们在"猫球"上比较这两种运动，就可以看到拉德马克和特尔布拉克模型的局限性，以及凯恩和谢尔模型的洞察力。如图12–7所示，在简单的拉德马克和特尔布拉克模型中，猫必须把腰向后弯曲到极限。相比之下，凯恩和谢尔模型则避免了这种极端的向后弯曲，猫只需要从向右弯曲转到向左弯曲便可实现翻转。

从图12–7的猫球中，我们很容易发现，凯恩和谢尔模型是最优选择：路径包围的表面积最大，猫的转动最大，也不需要猫实现不可能的弯曲。从演化角度看，猫必然在演化过程中学会利用了所有实际可行的弯曲和扭转。

具有讽刺意味的是，通过球面来描述猫翻身让我们回想起了300

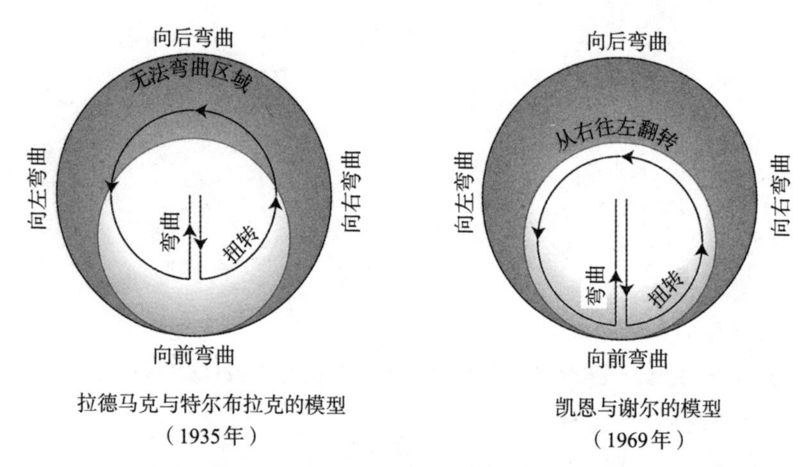

图 12-7　猫球的俯视图，拉德马克与特尔布拉克的模型和凯恩与谢尔模型的对比

图片来源：作者绘制。

年前安东尼·帕朗的著作。出于数学上的方便，帕朗将一只下落的猫建模为一个球体。现在，将猫翻身看作一个几何相位的情况下，我们可以看到，猫确实可以被建模成一个球体，尽管建模的方式与帕朗想象的完全不同。

几何相位也许是下落的猫一直保守的最后一个意义重大的秘密。几何相位直到20世纪80年代才被贝里首次确认为一种普遍现象，但早在1894年，当马雷向巴黎科学院展示他拍摄的猫下落的照片时，物理学家们就开始对此感到困惑了。科学家花了约100年才认识到落猫问题与几何相位有关，猫的确将这个秘密隐藏得很好。

但是几何相位会是猫隐藏的最后一个秘密吗？研究人员不断发现，下落的猫和越来越多新的精妙物理问题之间有联系。1993年，理查德·蒙哥马利写了一篇关于“落猫的规范理论”的论文，用非常复杂的数学描述了猫的翻身。1999年，岩井敏洋延续了蒙哥马利的工作，他考虑了量子物理学背景下的零角动量转动问题，在文章中也对落猫问题给予了应有的承认。[16]

但最令人费解的是2015年墨西哥研究人员写的一篇论文，题目颇具煽动性，叫《自由下落的量子猫能以脚着陆吗》。[17]在这篇文章中，研究人员研究了量子力学猫的下落，并发现它能以薛定谔的猫的状态着陆，也就是说，它可以同时以脚朝下和脚朝上的状态着陆。

长期以来，人们都说猫有9条命。关于落猫的物理学可能也还会有一次生命。

13 科学家和他们的猫

在这本书中，我们看到了大量的猫被用作实验对象。面对科学发展过程中这黑暗一面，我有必要强调一下，纵观历史，许多物理学家与他们的猫的关系要友好得多，猫成为他们的实验室助手、灵感缪斯、伙伴，甚至是科学论文的共同作者。在书的最后，让我们来看看这些令人着迷的合作。

首先，我们来看看这么一个故事的真假：艾萨克·牛顿不仅在运动和引力方面做出了改变世界的发现，而且还发明了猫洞。

牛顿本人的性格可能有点儿像猫，他聪明又淘气，孤独地追寻着自己的目标，有时又很凶猛。牛顿在19岁时写下了一系列自承自己犯下的罪过，其中包括“威胁我的父母史密斯把他们连同房子一起烧掉”。[1]牛顿和他的继父巴纳巴斯·史密斯（Barnabas Smith）牧师关系不好，显然对他母亲再婚很生气。

19世纪牛顿发明猫洞的故事经常被提起，其中一个精彩的版本如下。

你知道柯勒律治、骚塞和华兹华斯的逸事，他们三个齐心协

> 力也解不开套在马头上的马项圈，而一个苏格兰姑娘轻轻松松就能做到。帕森牧师讲了一个更有趣的逸事，是关于牛顿爵士的，顺便说一下，这个故事我们在其他地方从未见过。这位伟大的自然哲学家有一只大猫和一只小猫，他把它们养在书房里。但是他懒得一次次地为它们开门让它们进出，于是他想出了下面这个办法。"他在门上开了一个大洞让大猫进出，在大洞旁边又开了一个小洞给小猫进出。他连最笨的乡巴佬都会记得的事也忘了，小猫也可以从大猫的大洞进出。挖好洞后，他骄傲地等着猫第一次钻过洞去。当它们从壁炉前的地毯上站起来时，智慧的牛顿停止了崇高的计算，放下了笔，什么都不干，就聚精会神地注视着它们。它们走近猫洞，发现那是专门为它们准备的。大猫从为它准备的那个大洞里走了过去，小猫立刻跟着大猫从同一个洞里走了出去。"由于牧师们总是被同样缺乏常识的问题所困扰，所以发现诗人和哲学家同自己一样也许是一种安慰。然而，不顾实际不仅仅会带来不便，而且会造成权力和影响力的损失。[2]

这个牛顿猫洞的故事被用来教导人们（尤其是那些傲慢的哲学家）要谦逊。"没错，你可以预测行星的运动，但是如果没有一些过时的常识，这些知识是没有用的！"

但是猫洞的故事是真的吗？猫洞当然不是牛顿发明的，猫洞在牛顿之前就以某种形式存在了几百年，甚至几千年。例如杰弗里·乔叟的《坎特伯雷故事》(1386）中就有一段涉及这类被称为"猫洞"的门。在《磨坊主的故事》中，一个仆人敲一户人家的门，却没有得到回应，于是他利用一个猫洞往里面窥视。

> 他发现有个窟窿就在门板下，
> 那是猫平时钻进钻出的洞口；
> 于是他贴着洞口尽量朝里瞅，
> 终于看到尼古拉坐在椅子上，
> 只见它张着嘴巴朝着天上望。①

此外，牛顿挖猫洞的故事是真的吗？没有证据表明牛顿养过宠物，例如猫、狗或者其他动物。他的信件和同事的信件中都没有提到。虽然牛顿的家伍尔索普庄园仍然存在，但是没有证据表明这幢房子里有猫洞。不过，这也不能证明牛顿没挖过猫洞，毕竟已经过去了几百年，房子的门可能已经换了。

牛顿的猫洞故事的起源似乎来自数学家约翰·M. F. 赖特（John M. F. Wright），他曾在三一学院工作，并于1827年出版了一本关于他在三一学院经历的回忆录。[3]他听说了很多前三一学院学者牛顿的故事，并分享了其中一部分。关于牛顿和动物，他做了以下描述。

> 关于牛顿的“心不在焉”，有很多趣闻逸事，这一方面是因为牛顿自身对世界及日常生活方式的确有些心不在焉，另一方面也因为，这对于那些可能没有听过的读者来说，无疑是很有趣的。
>
> ……
>
> 在自然界的一切活动中，只有它的纯朴才能打动理智的观察

① 这里直接引自《坎特伯雷故事》，黄杲炘译，上海文艺出版社，2019。和原书引用的英文版略有差异。

者。神的儿子是单纯、谦逊、谦卑的，如同羔羊一般。牛顿被认为是“上帝按照自己的形象创造”出来的生物中地位最高的，也是最单纯的人类。据说这位伟大的实践、理论哲学家，有一次在一堆论文附近留下了一支还在燃烧的蜡烛，这些论文是他辛苦多年的研究成果，无疑和他的其他作品一样充满了智慧的发现。可他的狗狄多弄倒了蜡烛，论文付之一炬。牛顿回家时只能悲叹：“狄多，狄多，你不知道你闯了多大的祸。”

还有一次，一个朋友开玩笑，吃了牛顿原本打算作为晚餐的鸡肉，牛顿看到骨头大叫：“我太健忘了！我还以为我没吃晚饭呢。”他又回到沉思中，以为一切正常。因为很喜欢家养动物（尽管牛顿似乎对美丽的女人完全没有冲动，因为据说他总是拒绝激情的邀请，或者，无论如何，也许是因为他高度重视夏娃的女儿，认为如果不能把全部的时间和精力都花在她们身上，那还不如一开始就不要跟她们来往），他养了一只猫给狄多做伴。这只猫后来生了一只小猫，尽管牛顿最初可能没有预料到这一点。善良的牛顿一眼就看出了家庭成员增加的后果，他命令学院的木匠在门上开两个洞，一个是给大猫开的，另一个是给小猫开的。无论这个故事是否真实，但在那扇门上至今还留有两个大小适当的洞，供大猫和小猫进出使用。

这些故事似乎是由三一学院的学生和学者代代传下来的，毫无疑问，这些故事都经过了修饰，甚至完全是编造出来的。回想一下麦克斯韦把猫扔出窗外的故事吧，它在麦克斯韦离开后仅仅20年就发生了戏剧性的变化。即使这些洞是猫洞，也不能保证是牛顿叫人挖的。更有可能的情况是，一个学生看到门上的洞就胡乱联想了一番。

当然，像牛顿这样的科学家，在实验室里独自工作几个小时，需要一只猫做伴也很容易想象。事实上，关于运动的物理学的另一位关键人物在研究中就有猫的陪伴。威廉·罗恩·哈密顿（William Rowan Hamilton，1805—1865）是爱尔兰天文学家、物理学家和数学家，他最著名的工作是用复杂的数学公式重新表述了牛顿运动定律。哈密顿运动定律被证明非常适用于量子粒子的分析，哈密顿函数在经典力学和量子力学中都有应用。

哈密顿以他对人类和动物（尤其是猫）的仁慈而闻名，他的妹妹也证明了这一点。

> 他一直很喜欢猫，经常有人看到他在写数学论文，一只小猫或他最喜欢的大猫趴在他的肩膀上，调皮地想抓住笔。
>
> 他的礼貌几乎是对别人的一种责备。一位曾经和我一起住在都柏林的年轻女士说："我从来没有看到过像你哥哥这样有礼貌的绅士，我想他甚至会向一只猫鞠躬。"有一天，我想起了这件事，正和哥哥开玩笑将她的话学给他听，这时他不小心踩到了猫爪子，转过身来，微笑着说："我正想说，请原谅。"

但正如他妹妹所说，哈密顿会如此耐心的对象不只是他的动物伙伴。

> 他对周围一切生物都体贴关怀，从而从它们那里获得了无限的信任。有一个例子给在场的见证者留下了深刻的印象，那的确

> 是一件令人激动的事，也足以使人原谅奇迹中的迷信色彩。圣灵降临节的早晨，当他在屋子正中央念祈祷文的时候，一只鸽子从开着的窗子里飞进来，落在他的头上，哈密顿没有打扰它，继续诵读，过了一会儿，鸽子平静地飞了出去。[4]

除了把猫作为伙伴之外，其他科学家如罗伯特·威廉姆斯·伍德（Robert Williams Wood，1868—1955），也发现了一些巧妙的方法让猫在实验中发挥作用。伍德是研究紫外线的先驱，并在一个名叫光谱学的领域做了大量工作，光谱学的研究内容是通过测量光谱（颜色）来研究物质的结构。他是一名专注的研究人员，甚至和家人一起度假时仍在工作，这在他的传记性回忆录中也有所提及。

> 伍德和他的家人在长岛的旧农场过暑假。他在谷仓里临时搭了一个实验室，它的一大特色是一台40英尺的光栅摄谱仪，这可能是当时最大的摄谱仪，而且肯定能得到前所未有的精确结果。它是在当地石匠铺设的下水道的基础上建造的。两个暑假之间漫长的时光中没有人使用仪器，各种各样的野生动物都把它当作庇护所，光路也被蜘蛛网弄得乱七八糟。伍德清洗腔管的方法极为经典：他把家里的猫放在一端，然后把这一端关上，这样猫为了逃跑，就必须跑完整个管子，有效地清除了所有蜘蛛网。[5]

这只猫可能并不愿意充当一位实验室助手，但它似乎也没有受到任何伤害。

伍德的想象力并不局限于为猫寻找新奇的用途。他还与亚瑟·特雷恩（Arthur Train）合著了两部科幻小说《震撼地球的人》（*The Man Who Rocked the Earth*，1915）和《造月人》（*The Moon-Maker*，1916）。前一本讲述的故事是，一个神秘的科学家用能改变地球自转的核爆炸胁迫世界上交战的国家进入持久的和平。伍德和特雷恩在书中颇有先见之明地预言了核武器的最终诞生（尽管细节显然是错误的）。在续集《造月人》中，科学家们进入了太空，迫使一颗即将毁灭地球的小行星偏离了轨道或将其摧毁，这比1998年电影《世界末日》（*Armageddon*）的情节早了82年。

尽管伍德的科学发现意义重大，但他最出名的成就可能还是以一种简单而又具有毁灭性的方式驳斥了20世纪初“N射线”的存在。当X射线和“铀射线”（放射性）被发现时，似乎到处都是新的看不见的辐射形式。在法国南锡工作的普罗斯珀·雷恩·布隆德洛（Prosper-Ren Blondlot）认为自己发现了一种新的射线，与X射线不同，它能与电场相互作用。他以自己居住的城市命名了这种新射线。大量科学家发表了数百篇研究文章，证实了布隆德洛的研究结果。

然而，更多的研究人员没有发现N射线存在的证据。最终，在1904年，伍德来到南锡和布隆德洛一起工作，希望解开谜团。伍德注意到，N射线存在的唯一证据是电火花剧烈闪烁时产生的变化，于是他趁无人注意时从实验装置上取下了一件关键的设备。研究人员很高兴地继续研究，并没有发现结果出现任何变化。伍德通过这种方式证明，N射线只存在法国科学家过于乐观的想象中。

伍德的科幻小说、猫的新用法和揭穿N射线展现了他孩子般的聪明和对世界的好奇心。1941年，他的传记作者威廉·西布鲁克称他为“一个永远长不大的小男孩”，这是对他最高的评价。[6]

一些物理学家在与猫的互动中找到了灵感，甚至找到了毕生的志向。其中最著名的例子是发明家、物理学家、未来学家尼古拉·特斯拉（Nikola Tesla，1856—1943）。特斯拉因其在发电方面的工作而被称为“闪电大师”，我们至今仍在使用的交流电系统就是他发展并主持推广的。这项工作由西屋电工制造公司（后改名为西屋电气公司）赞助，导致特斯拉、西屋电气与倡导美国采用直流电系统的托马斯·爱迪生进行了一场商业战。特斯拉同样观测到了X射线，那是在1894年，比威廉·伦琴还要早一年，但他的研究记录在1895年3月的一场火灾中丢失了。特斯拉试验了无线电和电力的无线传输，发明了特斯拉线圈，这是一种能发出大量电火花的装置，可以使荧光灯泡在不接通电源的情况下发光。

图 13-1　尼古拉·特斯拉在他科罗拉多斯普林斯的实验室里，当闪电在周围轰击时，他在平静地工作（约 1899 年）。这张著名的照片是经过两次曝光形成的，由狄金森·V. 阿利（Dickensen V. Alley）拍摄

图片来源：维基共享资源/惠康图像。

大家都说，特斯拉在很小的时候就显示出了才华。但是，据他自己说，激发他研究电学现象的是一只猫。

1939年，特斯拉给南斯拉夫驻美国大使的小女儿波拉·福蒂奇（Pola Fotich）写了一封信。[7]信中，他讲述了自己在南斯拉夫的童年，并提及了他的猫。

> 但我是最快乐的，我快乐的源泉是我们美丽的马查克，它是世界上最好的猫。我希望我能让你充分了解我们之间的感情。我们为彼此而活。无论我去哪儿，马查克都跟着，因为我们彼此相爱，它也想保护我。当它觉得需要保护我的时候，它就会耸起背，身体看起来有原来两倍大，尾巴硬得像根铁条，胡须像铁丝一样，它会急速地喘息：噗！噗！这是一幅可怕的景象，不管是谁，是人还是动物，只要招惹了它只能仓皇而逃。
>
> 每天晚上，我们都会沿着教堂的墙从家里跑出来，它会追上我，抓住我的裤子。它努力让我相信它会咬人，但当它尖利的牙齿刺穿衣服的那一刻，紧张的气氛就消失了，它们与我皮肤的接触就像落在花瓣上的蝴蝶一样温柔。它最喜欢和我一起在草地上打滚，一起打滚的时候，它又咬又抓，高兴得发出咕噜咕噜的声音。它完全把我迷住了，我也学着它又咬又抓，发出咕噜咕噜的声音。我们停不下来，在狂喜中不停地翻滚。除了雨天，我们每天都沉浸在这项迷人的运动中。
>
> 马查克对水特别挑剔，它会跳起6英尺高以避免弄湿爪子。在雨天，我们会走进房子，选择一个舒适的地方玩。马查克特别爱干净，身上从来没有跳蚤或虫子，而且没有表现出任何令人反

感的特征。晚上它想出去玩时会温柔地请求你的同意，回来时会轻轻地一遍又一遍地挠门。

到此为止，故事很简单，一个孩子很爱他的宠物。但接下来，这个故事却有了一个科学的转折。

现在我必须告诉你一个我终生难忘的奇怪经历。我的家乡海拔大约1 800英尺，通常冬天天气干燥。但有时，从亚得里亚海吹来的暖风会持续很长时间，融化积雪，形成洪水淹没土地，造成巨大的财产和生命损失。我们会看到这样可怕的景象：一条汹涌澎湃的河流携带着残骸，把一切能移动的东西都撕成碎片。我常常想象年轻时经历的这一情景，当我想到这一情景时，水声仿佛灌进我的耳朵，我依然清晰地看到汹涌的水流和残骸疯狂的舞蹈。但我对冬天的记忆是干冷的空气、无瑕的白雪，总是令人愉快。

碰巧有一天，天气同样寒冷，但好像比以往都更干燥。走在雪地上的人们在他们身后留下了一条发光的路，扔出去的雪球碰到障碍物，撞击面会发光，就像被刀子切过的一块糖。黄昏时分，我抚摸着马查克的背时，看到了一个奇迹，我惊讶得说不出话来。马查克的背上笼罩着一层光，我的手经过的地方发出一阵火花，“噼啪”声大得整座房子都能听到。

年轻的特斯拉第一次注意到了静电现象。包括我在内的许多孩子，都是通过静电第一次接触到物理世界的奇特之处的。

我也有类似的经历，不过要痛苦得多。当我大概6岁的时候，奶奶送给我一双羊毛拖鞋作为圣诞礼物。穿着羊毛拖鞋走在地毯上就像摩擦猫的皮毛一样，会产生静电。有一天，我姐姐取笑了我，于是我开始在家里到处追她。我们家厨房、餐厅和客厅形成了一个连续的环路，我围着她转了一圈又一圈。我们的圣诞树就在客厅里，在这个环路内侧。绕着圣诞树转了大约四圈后，我身上产生的静电积累到足够多，让我被圣诞树上伸出的金属丝电了一下，然后摔倒在地。姐姐开始嘲笑我，于是我又站起来追她，每追四圈就触电一次，一遍又一遍。

让我们再说回特斯拉。

我父亲是个很有学问的人，问他所有问题他都能回答出来，但这种现象他也从未见过。“好吧，”他最后说，“这只不过是电，就像暴风雨中树林里的闪电一样。”

母亲似乎吓住了。“别跟这只猫玩了，”她说，“可能会引起火灾。”但我想得很抽象。大自然是一只巨大的猫吗？如果是，谁来抚摸它的背？只能是上帝，我总结道。我当时才三岁，就已经在进行哲学思考了。

第一次观察已经够令人吃惊了，但随后发生的事情更加奇妙。天越来越黑了，所以家人很快就点燃了蜡烛。马查克在房间里走了几步。它摇着爪子，好像踩在湿地上。我聚精会神地看着它。我是看到了什么还是出现了幻觉？我睁大眼睛，清楚地看到它的身体被一个光环包围着，就像圣人的光环！

这个奇妙的夜晚对我孩童时期的想象力产生了无与伦比的影响。我每天都在问自己：“电是什么？”却找不到答案。80年过去了，我仍然问着同样的问题，却无法回答。不计其数的伪科学家声称自己知道答案，但他们的答案并不可信。如果他们当中的任何一个人知道电是什么，我肯定早就知道了，我知道答案的机会比他们中的任何一个人都大，因为我的实验室工作和实践经验更广泛，我的一生经历了三代科学研究。

指引着特斯拉投身研究的问题与阿尔伯特·爱因斯坦在1951年提出的问题惊人地相似。当时，爱因斯坦回顾了50多年人们对“光量子”的思考，意识到自己仍然不知道它们是什么，他写给一个朋友的信中说，那些自以为了解这个概念的人都是在欺骗自己而已。[8]爱因斯坦所说的光量子就是我们现在所说的光子，光的离散粒子。我们已经知道，爱因斯坦在1905年解释光电效应时引入了光子的概念，这使他在1921年获得了诺贝尔物理学奖。

爱因斯坦和特斯拉的陈述突出了物理哲学的一个重要观点：物理学非常擅长通过公式和观察来解释事物是**如何**运作的，但它不一定能说明事物**为什么**会这样运作。特斯拉和爱因斯坦意识到，他们的研究引出了一些深奥的问题，而这些问题他们自己甚至还远没有理解。

爱因斯坦本人就很喜欢动物，有段时间他养了一只名叫“老虎”的猫，它一到下雨天就很沮丧。据说，爱因斯坦会对猫说：“我知道你为什么不开心，亲爱的老伙计，但我不知道怎么把它关掉。”1924年，爱因斯坦给朋友们写了一封信，可能也提到了同一只猫：“我有一种冲动，想从我的隐居地直接向你们问候，仅此一次。这里太好了，我几乎都要羡慕自己了。我一个人住一整层楼。除了我，这里没有其他人，除了有时会有一只大个儿的公猫，它也主要决定了我房间里的气味，因为我无法在这方面成功地与它竞争。”[9]

爱因斯坦对另一种猫有着更强烈的迷恋，这种猫从未存在过，却是整个物理学中最著名的猫：薛定谔的猫。奥地利物理学家埃尔温·薛定谔引入了这只奇怪的野兽，以突出理论量子物理学（薛定谔本人也是这门学科的奠基人之一）看似荒谬的含义。

如果我们用一句话来概括整个量子物理学，我们会说，它宣告了所有存在的事物都同时具有波的性质和粒子的性质，正如我们前面提到的，这被称为波粒二象性。1905年，爱因斯坦成功地指出，自19世纪初以来被认为是波的光，也有粒子属性。1924年，法国物理学家路易·德布罗意受爱因斯坦的观察启发，提出物质的情况正好相反：所有原子和所有基本粒子，如电子，都具有波的性质。德布罗意的这一假说在几年后被实验证实，真正开启了量子物理学的时代。1926年，薛定谔创造了一个数学公式——薛定谔方程，来描述物质波如何在时空中演化。爱因斯坦对他的工作表示赞同，因此他的论文得以发表。

然而，这里有一个很大的问题。每个人都同意物质是波动的，但是没有人能准确地解释，到底是什么在波动。水波是水本身上下移动；声波是空气分子振动，把声音从声源传到接收器。正如詹姆斯·克拉克·麦克斯韦所认识到的那样，光是电场和磁场在“波动”。但没有人确切知道该如何看待物质波。电之于特斯拉正如光子之于爱因斯坦：描述一种现象是一回事，解释它又是另一回事。

这个问题引起了丹麦物理学家尼尔斯·玻尔和德国物理学家维尔纳·海森堡的关注。海森堡曾在哥本哈根的一个研究所为玻尔工作。他们一起将所有现有的量子物理学知识汇编成一个内在一致的系统，我们如今称之为量子力学的哥本哈根诠释。简单地说：电子和其他粒子的物质波不是物理上存在的波，而是与粒子在特定时间出现在特定位置的概率有关。波的高矮代表粒子出现的概率，波越高概率越大，波越矮概率越小。

然而，当我们测量一个量子粒子的位置时，我们永远不会看到一个弥散的波：我们只会看到一个粒子位于空间中局部的一点。哥本哈根诠释的一大关键是波函数坍缩的概念：当任何人试图测量一个粒子的位置时，粒子的波就会坍缩到一个单一的位置，这代表了粒子的位置。这意味着任何对量子粒子的测量都会极大地改变它的行为。此外，哥本哈根诠释表明量子粒子在被测量之前，并不存在于哪个确定的位置。只有当它被测量时，它才会以某种神秘的方式“决定”它想要出现的确切位置。

如果你对这个解释不满意，那你就站在了薛定谔这边，他认为，哥本哈根诠释可能导致荒谬的结果。他指出，有可能使一个生物（如猫）的生死完全依赖于单个量子粒子（如原子）的行为。他在1935年写道：“甚至可以设置一种相当荒谬的场景”，并给出了一个例子。

> 一只猫连同以下邪恶的设备（必须保证其不受猫的直接干扰）被关在一个铁盒子里：在盖革计数器里有少量的放射性物质，少到在一小时内也许只有一个原子衰变，但也有同样的概率不衰变。如果衰变的话，计数管就会放电，并通过一个继电器锤碎装有氢氰酸的小瓶。假设一个人把整个系统放在那里等一小时，如果没有原子衰变，他就会说猫还活着。而如果有原子衰变，猫就会中毒死亡。整个系统的波函数就可以用将活的猫和死的猫（请原谅我使用这个表述）的叠加混合状态来表示。[10]

图13–2描述的是略有修改的版本。

图 13–2 薛定谔的猫（猫薄荷版）。为了避免想象猫死去的图景，我把放射性原子控制的毒药换成了猫薄荷。这样一来，既活又死的猫就变成了既被猫薄荷刺激兴奋了又没被刺激兴奋的猫

图片来源：萨拉·阿迪。

薛定谔说，哥本哈根诠释的量子世界与我们每天所经历的世界有本质上的不同。如果我们抛硬币后用手遮住结果不偷看，我们也知道硬币不是正面就是反面。但是根据哥本哈根诠释，在我们真正观察到它之前，硬币将会是正面和反面的波一样的叠加状态。但这也带来了一个额外的问题：是什么导致了波函数坍缩？换句话说，是谁在进行观测？在实验室很容易想象，波函数坍缩是人类科学家在仪器上读出实验结果引起的，但这种哲学性的结论带来的结果是，人类在宇宙中扮演了特殊的角色，而这一想法几个世纪前就已经被科学无情地抛弃了。

爱因斯坦赞同薛定谔的批评，他在1950年的一封信中写道：

> 除了劳厄，你是当代唯一一个认为所有诚实的人都无法回避实在（reality）假设的物理学家。大多数物理学家根本不知道他们在和实在玩着怎样的冒险游戏，实在是独立于实验建立起来的东西……然而，这个诠释被你们的放射性原子+盖革计数器+放大器系统+装火药+盒子里的猫优雅地驳倒了，系统的波函数包含了既活又死的猫……没有人真正相信猫的死活与观察行为有关。[11]

爱因斯坦宁愿用枪来杀死这只猫，也不愿用毒气。[①]我们只能推测薛定谔为什么要选择毒害猫。他自己没有养猫，不过他的确有一只心爱的宠物。在第二次世界大战期间，他有一只名叫伯希（又名拉迪）的柯利牧羊犬，它是薛定谔的伙伴，也是他在诸多磨难中获得安慰的源泉。

尽管在哲学上有局限性，量子物理学的哥本哈根诠释仍然在今天的课堂上被教授，并且仍然被用作描述量子世界的一个实在模型。这有两个简单的原因。第一，哥本哈根诠释能很好地解释迄今为止所有的量子力学实验结果，反对它的原因主要是在哲学方面。虽然哲学很重要，但它并没有延缓量子世界的实验研究。第二，即使在80年后，也没有人完全确定用什么来代替它。有一种理论如今很流行，它涉及无限多个平行宇宙，最初被称为量子力学的多世界诠释。根据这种解释，薛定谔的猫将在一个宇宙中存活，在另一个宇宙中死去，量子力学的波动性体现了不同宇宙间的某种相互作用。目前还不知道是否存在这样的平行宇宙，但对许多物理学家来说，多世界诠释已经成为处

---

① 爱因斯坦曾表示他宁愿用枪直接杀了这只猫以免它遭受这种又死又活的状态，他另一句更有名的名言“上帝不掷骰子”表达了同样的意思。

理量子物理学奇异性质的首选方法。

猫可能暗示了我们在解释宇宙时遇到的问题，但它们也帮助一位天文学家拓宽了我们对宇宙的理解，至少提供了精神上的支持。在20世纪以前，人们普遍认为我们太阳系所在的银河系就是整个宇宙。当时的望远镜观测到的星云被认为是潜伏在星系内或星系外的气体云。1919年，美国天文学家埃德温·哈勃（1889—1953）参加完“一战”回来，在剑桥大学学习了一年后，获得了加利福尼亚州帕萨迪纳市附近威尔逊山天文台的职位。哈勃使用当时世界上最大的望远镜——刚刚建成的胡克望远镜，对星云进行了大量的观测，令人信服地证明了它们离我们的星系很遥远，不属于我们星系的一部分。事实上，这些模糊的天体就是星系本身，它们离我们的星系非常遥远。

1924年11月23日的《纽约时报》公布了哈勃的发现。[12]这篇文章的发表标志着整个世界第一次认识到，宇宙比之前想象的要大得多。下面我摘录了文章的部分内容，请大家体会一下这种宏大。

> 旋涡星系在天空中以旋转的云的形式出现，它实际上是遥远的恒星系统，或称“宇宙岛”，这一观点已被卡内基研究所威尔逊天文台的哈勃博士通过天文台强大的望远镜进行研究所证实。
>
> 根据天文台官方报告，旋涡星系数量巨大，数量级达到10万，其可见的大小范围从星星那么小到仙女座星云那么大。仙女座星云在天空占据了3度，大约是满月直径的6倍左右。

文中没有使用“星系”这个词，而是“宇宙岛”，因为此前我们的星系被认为是整个宇宙。今天，天文学家估计在可观测宇宙中大约有两万亿个星系。

这一重大突破并不是哈勃对天文学的唯一重大贡献。1929年，哈勃通过仔细观察，指出遥远星系远离我们的速度与它们离我们的距离成正比，这个定律被称为哈勃定律，现在是测量宇宙距离的关键性工具。

哈勃余生都在威尔逊山天文台工作。天文观测可能是一种孤独的职业，需要在深夜长时间观测星星。哈勃和他的妻子格蕾丝在1946年发现了一个同伴，一只毛茸茸的黑色小猫。哈勃立刻给它起了个名字，叫尼古拉斯·哥白尼，哥白尼是波兰天文学家，于1543年首次正确指出太阳而非地球才是太阳系的中心。

哥白尼成了深受哈勃一家喜爱的成员。哈勃为它做了一个猫洞："所有的猫都应该有一个猫洞，这对它们的自尊来说是必需的。"[13]哈勃一家人把哥白尼最喜欢的玩具——烟斗通条放得满屋都是。

正如格蕾丝在日记中所写的那样，哥白尼经常"帮助"哈勃完成工作。"当埃德温在他的大书桌前工作时，哥白尼总是一本正经地伸展四肢以便尽可能遮盖更多的书稿。'它在帮我'，埃德温解释道。当哥白尼坐在埃德温的腿上时，它发出的呼噜声都与平常不同，一种缓慢的、狮子般的呼噜声……'那是你的猫在叫吗？'我问他，他就从书本中抬起头来，微笑着点点头。"[14]哈勃在1949年心脏病发作，1953年死于脑血栓。哈勃临去世时，哥白尼就待在他旁边。后来，哥白尼在窗边趴了几个月，等着自己的主人回来。

哥白尼可能是哈勃的研究伙伴和好朋友，但它并没有像切斯特那样参与到科学工作中来。切斯特是密歇根州立大学天文学家杰克·H.赫瑟林顿（Jack H. Hetherington）的一只暹罗猫。

图 13-3 哈勃和哥白尼（1953 年 3 月）

图片来源：亨廷顿图书馆（位于加州圣马力诺）的卡内基研究所威尔逊山天文台科学收藏特展。

1975年，赫瑟林顿完成了一篇论文，打算以唯一作者的身份提交给著名的《物理评论快报》（*PRL*）杂志。在提交之前，他把草稿交给了一位同事，最后一次检查论文中是否有错误。不幸的是，这位同事指出，赫瑟林顿在论文中称自己为“我们”，而《物理评论快报》通常希望单作者论文中使用“我”。在1975年，要做这样的修改，就得在打字机上把整篇手稿重打一遍，这是一项麻烦的任务。因此，赫瑟林顿把他的猫作为合著者加入了作者栏。

赫瑟林顿的朋友和同事们应该已经知道他的猫叫切斯特，为防止同事们一眼认出来，赫瑟林顿把合著者的姓名扩展成F. D. C. 威拉德（F. D. C. Willard），其中是F. D. 是猫的学名（*Felix domesticus*）的首字母缩写，C当然是切斯特，而威拉德是切斯特父亲的名字。

这篇论文被接收并发表在1975年11月24日的期刊上。赫瑟林顿并没有对合著者的身份保密太久。论文发表一天后，他给系主任发了一条消息，告诉了他自己的这个策略，系主任杜鲁门·伍德拉夫（Truman Woodruff）回了一张便条，表示愿意让威拉德成为杰出访问教授。

亲爱的杰克：

答复您11月25日的来信：请允许我立即承认，如果没有您的来信，我决不会冒昧地想到去拜访像F. D. C. 威拉德这样杰出的物理学家，希望他有兴趣加入我们这样的院系，毕竟，我们院系在1969年鲁斯–安德森的研究中甚至没有进入前30名。所以威拉德当然可以与一个更出色的院系联系。

然而，您认为他有可能屈尊接受我们提供的机会，这让我们备受鼓舞。我恳求您，他的朋友和合作者，请在尽可能合适的时候（比如有白兰地酒和雪茄的晚上）向他提出这个问题（当然，不用我说，您肯定会以最巧妙的语言艺术提到此事）。您能想象如果真的能说服威拉德加入我们，即使只是作为杰出访问教授，大家该有多高兴吗？[15]

消息很快在物理界传开了。赫瑟林顿自己在1997年的一封信中写道："不久后，一位密歇根州立大学的访客希望与我讨论，因为我没空，所以对方说想和威拉德谈谈。每个人都笑了起来，很快，威拉德是一只猫的秘密就不胫而走①。"[16]赫瑟林顿最终将几份有两位作者签名的论文分发给亲密的朋友和同事（图13–4）。显然，这个签名和威拉

① 这是个双关的文字玩笑，原文"the cat was out of the bag"（猫从袋子里出来了）是一个俗语，表示秘密泄露了。

德实际上是一只猫的事实，使威拉德失去了被邀请参加科学会议的机会。赫瑟林顿自己补充道："我也没有收到参加那个会议的邀请，不过这都无关紧要了。"[17]

有些人显然比其他人更喜欢这个玩笑。赫瑟林顿的妻子玛吉认为，她可以说自己与论文的两位作者都上过床，而且常常是同时上床，这一事实让她非常引以为豪。

威拉德后来成为自己论文《固态氦–3：反铁磁性核燃料》的唯一作者，文章发表在法国科学普及杂志《研究》(*La Recherche*) 1980年9月号上。显然，这篇论文的人类合著者无法就他们手稿的一些细节达成一致，所以他们把所有的责任都推给了他们的猫科同事。

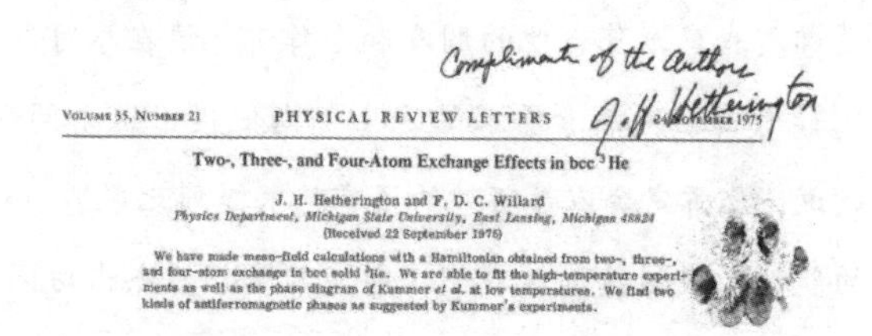
Compliments of the Authors
J. H. Hetherington

VOLUME 35, NUMBER 21 PHYSICAL REVIEW LETTERS 24 NOVEMBER 1975

Two-, Three-, and Four-Atom Exchange Effects in bcc ^{3}He

J. H. Hetherington and F. D. C. Willard

Physics Department, Michigan State University, East Lansing, Michigan 48824

(Received 22 September 1975)

We have made mean-field calculations with a Hamiltonian obtained from two-, three-, and four-atom exchange in bcc solid ^{3}He. We are able to fit the high-temperature experiments as well as the phase diagram of Kummer *et al.* at low temperatures. We find two kinds of antiferromagnetic phases as suggested by Kummer's experiments.

图 13-4 两位作者签名的论文，上面写着"这是对作者最好的赞美"

图片来源：赫瑟林顿。

35年后，赫瑟林顿从密歇根州立大学退休，但仍然很活跃。他现在每年都是一段时间在密歇根，一段时间在法国生活，他不仅在一家工程公司工作，还在探索用艺术性的方式表现数学函数的可能性。[18]

出版《物理评论快报》的美国物理学会对整个事件都抱有一种幽默的态度。2014年4月1日，该组织在其网站上宣布了一项针对未来猫类研究人员的新"开放获取计划"。

美国物理学会自豪地宣布了一项新的开放获取计划，旨在将开放获取的好处进一步扩展到更广泛的作者群体。新政策今日起开始生效，所有由猫撰写的论文都可以免费获得。这一开放思想的更新是学会在开放访问和宠物出版领域领导地位的自然延伸。早在1975年，学会就开始出版猫的学术论文，其中最突出的是威拉德，论文参见J. H. Hetherington and F. D. C. Willard, Two-, Three-, and Four-Atom Exchange Effects in bcc 3He, *Phys. Rev. Lett.* 35, 1442（1975）。不过，未来这项计划只考虑单个作者的论文。学会希望在不久的将来评估允许犬类作者发表论文的可能性。自薛定谔以来，物理学从未给予过猫这么好的机会。

图 13-5 真实的威拉德

图片来源：赫瑟林顿。

威拉德能够在世界上最负盛名的物理学期刊上发表论文，却从未获得过学位。但是其他猫在这方面已经取得了成功，为学术界提供了重要的服务。

大约在2001年，佐伊·D. 卡泽（Zoe D. Katze）①被授予了进行催眠治疗的许可，成为卡泽医生。佐伊是心理学家史蒂文·艾歇尔（Steven Eichel）的猫，艾歇尔通过美国心理治疗协会为卡泽远程取得了心理医生资格。这个实验的目的是用最戏剧化和最荒谬的方式来展示一个人是多么容易获得与病人打交道的执照。另一只被认可的猫是亨丽埃塔（Henrietta），它是科学记者本·戈尔达克（Ben Goldacre）的猫。2004年，在去世一年后，亨丽埃塔获得了美国营养顾问协会颁发的营养学文凭，这真是一个特别令人印象深刻的成就。诸如此类的调查，还有许多其他的调查，都被用来曝光那些见不得人的"文凭工厂"，只要给一定数量的钱，这些"文凭工厂"可以向任何人授予文凭。

猫能获得物理学学位吗？如果最近的研究能说明什么问题的话，那就是他们对这一学科的了解比我们认为的要多。2016年，京都大学的研究人员对猫理解因果关系的能力进行了研究。[19]为了做到这一点，他们做了一个罐子，里面有一块电磁铁和三个可以在里面滚来滚去的金属球。电磁铁被激活后，小球就会被固定在合适的位置，当罐子被摇晃时，小球就不会移动，当罐子被翻转时，小球也不会从罐子里掉出来。电磁铁关闭后，小球就能被摇动，发出"咣当咣当"的声音，翻转罐子时也会掉出来。

这个实验的目的是测试猫是否会将这种球滚动的声音与球从罐子里掉出来的预期联系起来。电磁铁可以触发四种情况。关闭电磁铁的情况下，研究人员可以测试一致性条件，即一个装满东西的罐子会发出声音，球也会掉出来，或者空罐子不会发出咣当声，球也不会掉出

① 这个名字在德语里就是Zoe die katze（一只叫佐伊的猫）。

来。当磁铁一半时间处于激活状态时，他们可以测试不一致条件，即一个装着球的罐子会发出声音，但球不会掉出来，或者一个装着球的罐子不会发出声音，但球会掉出来。

研究人员对30只家猫（8只是家养的猫，22只来自猫咖啡馆）进行了录像，以评估它们对一致条件和不一致条件的反应。如果猫愿意，它们可以在每个事件之后调查罐子。研究发现，当罐子掉出球的情况与预期不一致的时候，猫看容器的时间更长。也就是说，如果罐子发出声音，但没有球掉出来，或者罐子没有发出声音，但球掉出来了的时候，猫会更好奇到底发生了什么。据研究人员称，他们的研究结果表明，“猫利用对听觉刺激的因果逻辑性的理解来预测看不见物体的外观”。仔细想想，这并不奇怪，因为外出狩猎的猫如果能将一组声音与隐藏的猎物联系起来，就能抓到更多的猎物。

一些新闻媒体对结果的报道更加耸人听闻。一篇描述史密森尼学会相关研究的文章就是以《猫是可爱的物理学家》为题的。[20]从我自己的经验来看，如图13–6所示，一些猫已经开始喜欢这门学科了。

图13–6 我家超级可爱的猫咪之一索菲，正在思考弦理论

注释

第1章

1. Campbell and Garnett, *The Life of James Clerk Maxwell*, p. 499. 麦克斯韦可能说的是英尺而非英寸，因为两英尺是研究中确定的猫能翻身的最小高度，例如菲奥雷拉·甘巴莱（Fiorella Gambale）发表在半讽刺性杂志*Annals of Improbable Research*上的文章“Does a Cat Always Land on Its Feet”，因为麦克斯韦的表述来自一封给妻子的非技术性手写信件，他要么没有注意到，要么觉得没有必要纠正这个错误。事实上，他的妻子是一位技术娴熟的科学家，并帮助丈夫进行一些实验研究。

2. Stokes, *Memoir and Scientific Correspondence*, p. 32.

3. G. R. Tomson, *Concerning Cats*，特别是里面的“To My Cat”一篇。

第2章

1. Ross, *The Book of Cats*.

2. 这里的传记数据大部分来自 Woods, “Stables, William Gordon”。

3. Stables, “*Cats*,” p. 391.

4. Stables, *From Ploughshare to Pulpit*, pp. 126–127.

5. Battelle, *Premières Leçons d'Histoire Naturelle*, p. 48. 我把它翻译成了英文。

6. Defieu, *Manuel Physique*, pp. 69–70. 我把它翻译成了英文。

7. Quitard, *Dictionnaire Étymologique, Historique et Anecdotique des Proverbes*,

p. 211. 我把它翻译成了英文。

8. Errard, *La Fortification Démonstrée et Réduicte en Art*.

9. Hutton, *A Mathematical and Philosophical Dictionary*, vol. 2, pp. 200–201；"Éloge de M. Parent."

10. Parent, "Sur les corps qui nagent dans des liqueurs."

11. 作为一名经验丰富的跳伞运动员，我对这方面有切身体会。

12. Grayling, *Descartes*, p. 160. 现在还不清楚这个传说的历史，更不清楚它是否真实。

13. Bossewell and Legh, *Workes of Armorie*, p. F 0.56.

14. Garnett, *The Women of Turkey and Their Folk-Lore*, pp. 516–517.

15. Chittock, *Cats of Cairo*.

16. Stables, "*Cats*," pp. 3–6.

第3章

1. Lankester, "The Problem of the Galloping Horse."

2. Renner, *Pinhole Photography*, p. 4.

3. 在科学或自然哲学被公认为学科之前，涉及自然现象的不寻常把戏被认为是"自然魔法"。

4. *Dictionnaire Technologique*, p. 391. 我把它翻译成了英文。

5. Potonniée, *The History of the Discovery of Photography*, pp. 47–48.

6. Potonniée, *The History of the Discovery of Photography*, pp. 97–99.

7. Potonniée, *The History of the Discovery of Photography*, pp. 114–115. 引用部分位于第114页。

8. Potonniée, *The History of the Discovery of Photography*, pp. 160–161.

9. 塔尔博特的妻子康斯坦丝·福克斯·塔尔博特（Constance Fox Talbot）比达盖尔的妻子更支持自己丈夫的实验。康斯坦丝被认为是第一个从事摄影的女性，因为她在1839年前后曾短暂地尝试过摄影。塔尔博特还教过安娜·阿特金斯（Anna Atkins，1799—1871）摄影，阿特金斯后来在1843年出版了第一本包含摄影图像的书*Photographs of British Algae: Cyanotype Impressions*。

10. Gihon, "Instantaneous Photography."

11. 可参阅一本关于迈布里奇和他作品的流行著作*Rebecca Solnit's River of*

Shadows。

12. Helios, “A New Sky Shade.”

13. Solnit, *River of Shadows*, p. 80. 粗体是我加的。

14. “A Horse’s Motion Scientifically Determined.”

15. Lankester, “The Problem of the Galloping Horse.”

16. Personal and Political, *Philadelphia Inquirer*, August 6, 1881.

17. Marey, “Sur les allures du cheval reproduites,” p. 74.

第 4 章

1. 更多关于马雷的信息参见玛尔塔 · 布劳恩（Marta Braun）写的传记*Picturing Time*，引文位于第2页。

2. Toulouse, “Nécrologie–Marey.” 我把它翻译成了英文。

3. Nadar, “Le nouveau president.” 亚娜 · 斯隆 · 范吉斯特（Jana Sloan van Geest）把它翻译成了英文。

4. Marey, *Animal Mechanism*, p. 8.

5. Muybridge, “Photographies instantanées des animaux en mouvement.” 我把它翻译成了英文。

6. 这是对巴黎《地球报》(*Le Globe*) 一段叙述的翻译，转载自1881年11月16日《上加利福尼亚日报》(*Daily Alta California*)。

7. 这件逸事被广泛报道，但我一直找不到可靠的消息来源，尽管它似乎是可信的。

8. Marey, “Des mouvements que certains animaux.”

9. “Why Cats Always Land on Their Feet.”

第 5 章

1. 更详细的历史参见Coopersmith, *Energy, the Subtle Concept*。

2. “Perpetual Motion.”

3. Newton, *The Mathematical Principles of Natural Philosophy*.

4. Rankine, *Manual of Applied Mechanics*.

5. “Par-ci, par-là,” p. 706. 亚娜 · 斯隆 · 范吉斯特把它翻译成了英文。

6. Anderson, “Analyzing Motion,” p. 490.

7. Delaunay, *Traité de Méchanique Rationnelle*, p. 450. 我把它翻译成了英文。

8. Tait, "Clerk-Maxwell's Scientific Work."

9. *The Nation*, November 29, 1894, pp. 409–410.

10. Guyou, "Note relative à la communication de M. Marey."

11. Lévy, "Observations sur le principe des aires"; Deprez, "Sur un appareil.servant à mettre en évidence certaines conséquences du théorème des aires."

12. "Photographs of a Tumbling Cat," *Nature*, 1849, pp. 80–81.

13. Routh, *Dynamics of a System of Rigid Bodies*, p. 237.

14. Lecornu, "Sur une application du principe des aires."

15. W. Wright, *Flying*.

16. "Meissonier and Muybridge," *Sacramento Daily Union*, December 28, 1881.

第6章

1. Peano, "Il principio delle aree e la storia d'un gatto."

2. Fredrickson, "The Tail-Less Cat in Free-Fall."

3. 本章皮亚诺的部分主要参考H. C. 肯尼迪（H. C. Kennedy）的 *Peano: Life and Works of Giuseppe Peano*。

4. Peano, "Sur une courbe."

5. 关于钱德勒发现及其影响可以参考此文：Carter and Carter, "*Seth Carlo Chandler Jr.*"

6. Chandler, "On the Variation of Latitude, I"; Chandler, "On the Variation of Latitude, II."

7. "Notes on Some Points Connected with the Progress of Astronomy during the Past Year." 西蒙·纽科姆在会上的反应参见他的 "On the Dynamics of the Earth's Rotation."

8. Peano, "Sopra la spostamento del polo sulla terra." 我把它翻译成了英文。

9. Volterra, "Sulla teoria dei moti del polo terrestre."

10. 传记信息来自E. T.惠特克（E. T. Whittaker）为沃尔泰拉写的讣告，见 Whitaker, "Vito Volterra"。

11. Volterra, "Sulla teoria dei movimenti del polo terrestre."

12. "Adunanza del 5 maggio 1895"; Volterra, "*Sui moti periodici del polo terrestre*."

13. Volterra, "Sulla teoria dei moti del polo nella ipotesi della plasticità terrestre";

Volterra, “Osservazioni sulla mia Nota.”

14. Peano, “Sul moto del polo terrestre”(1895).

15. Volterra, “Sulla rotazione di un corpo in cui esistono sistemi ciclici.”

16. Volterra, “Sul moto di un sistema nel quale sussistono moti interni variabili.” H. C. 肯尼迪把它翻译成了英文。

17. Peano, “Sul moto di un sistema nel quale sussistono moti interni variabili.” 我把它翻译成了英文。这里提到皮亚诺提交的两篇论文分别是“Sopra la spostamento del polo sulla terra” 和“Sul moto del polo terrestre”。递交给科学院时两篇论文的标题相同，但是印刷出版时用了完全不同的全新标题。

18. Volterra, “Il Presidente Brioschi dà comunicazione della seguente lettera, ricevuta dal Corrispondente V. Volterra.” H. C. 肯尼迪把它翻译成了英文。

19. Peano, “Sul moto del polo terrestre”(1896).

20. Malkin and Miller, “ChandlerWobble”; Gross, “The Excitation of the Chandler Wobble.”

第 7 章

1. Galileo, *Dialogue Concerning the Two Chief World Systems*, pp. 186–187.

2. A. Einstein, “Excerpt from Essay by Einstein on Happiest Thought in His Life,” *New York Times*, March 28, 1972.

3. 我可以亲自确认。从热气球上跳下来的那一刻，在空气阻力变得明显之前，人确实处于自由落体和失重状态。

4. Hall, “Medulla Oblongata and Medulla Spinalis.”

5. Bell, “Nerves of the Orbit.”

6. 比如，看看加里·布塞（Gary Busey）在电影《致命武器》(*Lethal Weapon*) 第一部里扮演的角色“约书亚先生”。

7. 这里提供的谢灵顿的生平信息，大部分来自他的讣告：Liddell, “Charles Scott Sherrington.”

8. 谢灵顿的身世仍然是一个有争议的问题，但这里提供的描述显然是最广为接受的。

9. Sherrington, “Note on the Knee-Jerk.”

10. Sherrington, “On Reciprocal Innervation of Antagonistic Muscles.”

11. Sherrington, *Inhibition as a Coordinative Factor*.

12. Levine, "Sherrington's 'The Integrative Action of the Nervous System.' "

13. Weed, "Observations upon Decerebrate Rigidity."

14. Muller and Weed, "Notes on the Falling Reflex of Cats."

15. Sherrington, *The Integrative Action of the Nervous System*, p. 302.

16. 马格努斯的信息来自他儿子奥托·马格努斯（Otto Magnus）写的传记*Rudolf Magnus—Physiologist and Pharmacologist*。

17. R. Magnus, "Animal Posture."

18. R. Magnus, "Wie sich die fallende Katze in der Luft umdreht."我把它翻译成了英文。

19. Rademaker and ter Braak, "Das Umdrehen der fallenden Katze in der Luft."

20. 关于拉德马克有限的历史信息来自1957年H. 韦尔比耶斯特（H. Verbiest）给他写的讣告"In Memoriam"。

21. 布林德利还因1983年在拉斯维加斯泌尿外科会议上的演讲而臭名昭著，这场演讲震惊了听众，但仍然被认为是勃起功能障碍治疗的一个重要里程碑。

22. Brindley, "How Does an Animal Know the Angle?"; Brindley, "Ideal and Real Experiments to Test the Memory Hypothesis."

23. Kan et al., "Biographical Sketch, Giles Brindley, FRS."

第8章

1. 完整视频*Biometrics Research*可以在美国航空系统部运动图像区查看：https://www.youtube.com/watch?v=HwRdcv8azvk。它经常被误认为是在1947年拍摄的，因为那是档案系列的日期。猫出现在"失重"篇，从3:00处开始。

2. 关于早期太空飞行历史的精彩讨论可以在艾米·谢拉·泰特尔（Amy Shira Teitel）的*Breaking the Chains of Gravity*中找到。

3. 例如，2016年3月，美国宇航员斯科特·凯利（Scott Kelly）在国际空间站结束了为期一年的太空之旅。他的孪生兄弟留在了地球，这次太空之旅为观察在太空中的个人会发生什么样的生物学变化提供了一个独特的机会。

4. Haber, "The Human Body in Space."

5. Gauer and Haber, *Man under Gravity-Free Conditions*, pp. 641–644.

6. Haber and Haber, "Possible Methods of Producing the Gravity-Free State."

7.2016年，OK-Go乐队为他们的歌曲“Upside Down & Inside Out”拍摄了一段在飞机内失重状态下进行这种上下运动的音乐视频。在视频中，你可以看到当飞行员完成俯冲后，乐队脱离失重的瞬间。

8. Gerathewohl, “Subjects in the Gravity-Free State.”

9. Gerathewohl, “Subjects in the Gravity-Free State.”

10. Ballinger, “Human Experiments in Subgravity and Prolonged Acceleration.”

11. Henry et al., “Animal Studies of the Subgravity State.”

12. Gazenko et al., “Harald von Beckh’s Contribution.”

13. Von Beckh, “Experiments with Animals and Human Subjects.”

14. Gerathewohl and Stallings, “The Labyrinthine Postural Reflex.”

15. Schock, “A Study of Animal Reflexes.”

16. 这些飞机上的实验可以在E. L. 布朗（E. L. Brown）的两篇文章中查阅：“Human Performance and Behavior during Zero Gravity” 和“Research on Human Performance during Zero Gravity”。

17. E. L. Brown, “Research on Human Performance during Zero Gravity.”

18. “Pioneer Space Group to Mark Lab Foundation,” Associated Press, February 8, 1959.

19. Kulwicki, Schlei, and Vergamini, *Weightless Man*.

20. Whitsett, *Some Dynamic Response Characteristics of Weightless Man*. 人们很容易将这句话视为科学家和工程师过度分析和缺乏诗意的典例。然而，我认识许多这样的人，我强烈怀疑作者在写这句话时笑得很开心。

21. Stepantsov, Yeremin, and Alekperov, *Maneuvering in Free Space*.

22. Robe and Kane, “Dynamics of an Elastic Satellite—I.”

23. Smith and Kane, “On the Dynamics of the Human Body in Free Fall.”

24. Kane and Scher, “A Dynamical Explanation of the Falling Cat Phenomenon.”

25. “A Copycat Astronaut,” *Life Magazine*, June 30, 1968.

26. Kane and Scher, “Human Self-Rotation by Means of Limb Movements.”

第9章

1. *Kentish Times*, March 4, 1825.

2. Bleecker, “Jungfrau Spaiger’s Apostrophe to Her Cat.”

3. Thompson, “Spiders and the Electric Light.”

4. Robinson, "The High Rise Trauma Syndrome in Cats."

5. Whitney and Mehlhaff, "High-Rise Syndrome in Cats."

6. A. Parachini, "They Land on Little Cat Feet," *Los Angeles Times*, December 28,1987; "On Landing Like a Cat: It Is a Fact," *New York Times*, August 22, 1989.

7. Papazoglou et al., "High-Rise Syndrome in Cats"; Merbl et al., "Findings in Feline High Rise Syndrome in Israel."

8. Vnuk et al., "Feline High-Rise Syndrome."

9. Skarda, "Cat Survives 19-Story Fall by Gliding Like a Flying Squirrel."

10. Binette, "Cat Is Unharmed after 26 Story Fall from High Rise Building."

11. 有人认为爆炸发生时，飞机的高度可能要低得多，也许只有1万英尺，但这不可能是武洛维奇幸存的原因，因为人类坠落1 500英尺的高度后就达到了终极速度。

12. Studnicka, Slegr, and Stegner, "Free Fall of a Cat—Freshman Physics Exercise."

13. A. Parachini, "They Land on Little Cat Feet," *Los Angeles Times*, December 28, 1987.

14. Brehm, "The Surprising Physics of Cats' Drinking."

15. Stratton, "Harold Eugene Edgerton."

16. Vandiver and Kennedy, "Harold Eugene Edgerton."

17. Thone, "Right Side Up." 我加了标点。

18. K. Bruillard, "A Cat's Sandpapery Tongue Is Actually a Magical Detangling Hairbrush," *Washington Post*, November 29, 2015, online.

19. Gaal, "Cat Tongues Are the Ultimate Detanglers."

第10章

1. "Dante Spends Another Night inside Volcano," *Ukiah Daily Journal*, August 9, 1994, p.17; "Dante II Bound for Museum," *Daily Sitka Sentinel*, October 20, 1994, p. 3.

2. "Robot to Be Turned to Inspection of Volcano," *Daily Sitka Sentinel*, July 6,1994, p. 7.

3. 更多关于仿生机器人的讨论可以参考此文：Beer, "Biologically Inspired Robotics."

4. Deprez, "Sur un appareil servant à mettre en évidence certaines conséquences du

théorèeme des aires."

5. "The Steam Man."

6. "Hercules, the Iron Man," *Washington Standard*, November 22, 1901, p.1. 引用时删除了部分段落。

7. Walter, "An Imitation of Life."

8. Holland, "The First Biologically Inspired Robots."

9. Vincent et al., "Biomimetics."

10. Ballard et al., "George Charles Devol, Jr."

11. Brooks, "New Approaches to Robotics."

12. Triantafyllou and Triantafyllou, "An Efficient Swimming Machine."

13. Beer et al., "Biologically Inspired Approaches to Robotics."

14. Espenschied et al., "Biologically Based Reflexes in a Hexapod Robot."

15. Espenschied et al., "Leg Coordination Mechanisms in the Stick Insect."

16. Kim et al., "Whole Body Adhesion."

17. Galli, "AngularMomentum Conservation and the Cat Twist"; Frohlich, "The Physics of Somersaulting and Twisting."

18. Arabyan and Tsai, "A Distributed ControlModel for the Air-Righting Reflex."

19. O'Leary and Ravasio, "Simulation of Vestibular Semicircular Canal Responses."

20. Arabyan and Tsai, "A Distributed ControlModel for the Air-Righting Reflex."

21. Ge and Chen, "Optimal Control of a Nonholonomic Motion"; Putterman and Raz, "The Square Cat"; Kaufman, "The Electric Cat"; Zhen et al., "Why Can a Free-Falling Cat Always Manage to Land Safely?"

22. Davis et al., "A Review of Self-Righting Techniques for Terrestrial Animals."

23. 在多种传统武术训练中，学生被教导在滚动或下落时先用手臂接触地面，这样可以引导身体的其他部分安全着地。

24. Davis et al., "A Review of Self-Righting Techniques for Terrestrial Animals."

25. Jusufi et al., "Aerial Righting Reflexes in Flightless Animals."

26. Jusufi et al., "Active Tails Enhance Arboreal Acrobatics in Geckos"; Jusufi et al.,"Righting and Turning in Midair Using Appendage Inertia."

27. Libby et al., "Tail-Assisted Pitch Control in Lizards, Robots and Dinosaurs."

28. Walker, Vierck, and Ritz, "Balance in the Cat."

29. Shield, Fisher, and Patel, "A Spider-Inspired Dragline."

30. Dunbar, "Aerial Maneuvers of Leaping Lemurs."

31. Bergou et al., "Falling with Style."

32. Yamafuji, Kobayashi, and Kawamura, "Elucidation of Twisting Motion of a Falling Cat"; Kawamura, "Falling Cat Phenomenon and Realization by Robot."

33. Shields et al., "Falling Cat Robot Lands on Its Feet."

34. Bingham et al., "Orienting in Mid-Air through Configuration Changes";Wagstaff, "Purr-plexed?"

35. Sadati and Meghdari, "Singularity-Free Planning for a Robot Cat Freefall."

36. Pope and Niemeyer, "Falling with Style."

37. Zhao, Li, and Feng, "Effect of Swing Legs on Turning Motion."

38. Haridy, "Boston Dynamics' Atlas Robot."

39. H. Pettit. "Scientists Create an AI Robot CAT That Helps Keep the Elderly Company and Reminds Them to Take Their Medication," *Daily Mail*, December 19, 2017. 在线版。

第 11 章

1. L. E. Brown, "Seeing the Elephant."

2. Kawamura, "Falling Cat Phenomenon and Realization by Robot."

3. Franklin, "How a Falling Cat Turns Over in the Air"; Benton, "How a Falling Cat Turns Over."

4. McDonald, "The Righting Movements of the Freely Falling Cat"; McDonald, "How Does a Falling Cat Turn Over?"（引文）。

5. Mpemba and Osborne, "Cool?"

6. Mpemba and Osborne, "Cool?"

7. Aristotle, *Meteorology*.

8. Bacon, *Novum Organum*, p. 319; Descartes, Discourse on Method, p. 268.

9. Ouellette, "When Cold Warms Faster Than Hot."该文对姆潘巴效应及其历史发展进行了有益的探讨。

10. Wojciechowski, Owczarek, and Bednarz, "Freezing of Aqueous Solutions Containing Gases."

11. Auerbach, "Supercooling and the Mpemba Effect"; Brownridge, "When Does Hot Water Freeze Faster Then Cold Water?"

12. Katz, "When Hot Water Freezes before Cold."

13. Burridge and Linden, "Questioning the Mpemba Effect"; Lu and Raz,"Nonequilibrium Thermodynamics of the Markovian Mpemba Effect"; Lasanta et al., "When the Hotter Cools More Quickly."

14. "How Do Cats Always Land on Their Feet?"; "Leopard Cub Falling Out of a Tree."

15. McDonald, "How Does a Cat Fall on Its Feet?"; McDonald, "How Does a Man Twist in the Air?"

16. Biesterfeldt, "TwistingMechanics II"; Frohlich, "Do Springboard Divers Violate Angular Momentum Conservation?"; Yeadon, "The Biomechanics of Twisting Somersaults"; Dapena, "Contributions of Angular Momentum and Catting."

17. Frohlich, "Do Springboard Divers Violate Angular Momentum Conservation?"

第12章

1. 这个熊的问题还有其他答案，事实上，解的数目是无限的。这个谜题是由著名出题人马丁 · 加德纳（Martin Gardner）在*My Best Mathematical and Logic Puzzles*中提出并解释的。

2. Foucault, "Physical Demonstration of the Rotation of the Earth."

3. "Foucault, the Academician."

4. 你可能会说："如果我向前走10英尺，然后身体朝向不变，向左迈步走10英尺，再向后迈步走10英尺，最后向右迈步走10英尺会怎么样？钟摆不会改变方向。"你是对的，但在我们的例子和物理学中，我们只考虑所谓的平行移动，这实际上意味着我们总是保持自助餐盘的朝向与我们行走方向在同一方向。

5. Berry and Wilkinson, "Diabolical Points in the Spectra of Triangles."

6. Berry, "Geometric Phase Memories."

7. Berry, "Quantal Phase Factors Accompanying Adiabatic Changes."

8. Mead and Truhlar, "On the Determination of Born-Oppenheimer Nuclear Motion Wave Functions."

9. Pancharatnam, "Generalized Theory of Interference."

10. 我们不能直接看到可见光的振动，它的频率大约是每秒10^{15}次。

11. Berry, “The Adiabatic Phase and Pancharatnam's Phase.”

12. Marsden, Montgomery, and Ratiu, “Reduction, Symmetry, and Phase in Mechanics.”

13. Batterman, “Falling Cats, Parallel Parking, and Polarized Light.”

14. 完整的路径一圈是360度，换算成弧度是2π。

15. 猫又长又瘦，几何形状更像鸡蛋。

16. Montgomery, “Gauge Theory of the Falling Cat”; Iwai, “Classical and Quantum Mechanics of Jointed Rigid Bodies.”

17. Chryssomalakos, Hernández-Coronado, and Serrano-Ensástiga, “Do Free-Falling Quantum Cats Land on Their Feet?”

第13章

1. Levenson, *Newton and the Counterfeiter*, p. 8.

2. “*Philosophy and Common Sense*.”

3. J. M. Wright, *Alma Mater*, pp. 15–18. 增加了破折号并修改了打印错误。

4. Graves, *Life of Sir William Rowan Hamilton*, vol. 3, pp. 235–236.

5. Diecke, “*Robert Williams Wood*.”

6. Seabrook, *Doctor Wood*.

7. “A Story of Youth Told by Age: Dedicated to Miss Pola Fotich, by Its Author Nikola Tesla,” in *Tesla: Master of Lightning*.

8. 这句经常被引用的话出自1951年12月12日爱因斯坦写给米歇尔·贝索（Michele Besso）的一封信。感谢延斯·弗尔（Jens Foell）博士的翻译。

9. Letter to Ilse Kayser-Einsetin and Rudolf Kayser, May 21, 1924, in *The Collected Papers of Albert Einstein*, vol. 14, p. 214.

10. Schrödinger, *The Present Situation in Quantum Mechanics*, pp. 152–167.

11. Maxwell, “Induction and Scientific Realism,” p. 290.

12. “Finds Spiral Nebulae Are Stellar Systems,” *New York Times*, November 23, 1924.

13. Wehrey, “Hubble and Copernicus.”

14. Wehrey, “Hubble and Copernicus.”

15. Woodruff, "WoodruffLetter."

16. Hetherington, "Letter to Ms. Lubkin."

17. Weber, *More Random Walks in Science*.

18. C. Opper, "Jack Hetherington Finds Beauty in Data," *Lansing City Pulse*, June 8, 2016.

19. Takagi et al., "There's No Ball without Noise."

20. Blakemore, "Cats Are Adorable Physicists."

参考文献

"Adunanza del 5 maggio 1895." *Atti della Reale Accademia delle scienze di Torino,* 30:513–514, 1895.

Anderson, A. "Analyzing Motion." *Pearson's Magazine,* 13:484–491, 1902.

Arabyan, A., and Derliang Tsai. "A Distributed Control Model for the Air-Righting Reflex of a Cat." *Biological Cybernetics,* 79:393–401, 1998.

Aristotle. *Meteorology*. Princeton University Press, Princeton, NJ, 1984.

Auerbach, D. "Supercooling and the Mpemba Effect: When Hot Water Freezes Quicker Than Cold." *American Journal of Physics,* 63:882–885, 1995.

Bacon, F. *Novum Organum.* William Pickering, London, 1844.

Ballard, L. A., S. Šabanović, J. Kaur, and S. Milojević. "George Charles Devol, Jr." *IEEE Robotics and Automation Magazine,* pages 114–119, December 2012.

Ballinger, E. R. "Human Experiments in Subgravity and Prolonged Acceleration." *Journal of Aviation Medicine,* 23:319–321, 1952.

Battelle, G. M. *Premières Leçons d'Histoire Naturelle: Animaux Domestiques.* Hachette, Paris, 1836.

Batterman, R. W. "Falling Cats, Parallel Parking, and Polarized Light." *Studies in History and Philosophy of Modern Physics,* 34:527–557, 2003.

Beer, R. D. "Biologically Inspired Robotics." *Scholarpedia,* 4(4):1531, 2009. Revision #91061.

Beer, R. D., R. D. Quinn, H. J. Chiel, and R. E. Ritzmann. "Biologically Inspired Approaches to Robotics." *Communications of the ACM,* 40:31–38, 1997.

Bell, C. "Second Part of the Paper on the Nerves of the Orbit." *Philosophical Transactions of the Royal Society of London,* 113: 289–307, 1823.

Benton, J. R. "How a Falling Cat Turns Over." *Science,* 35:104–105, 1912.

Bergou, A. J., S. M. Swartz, H. Vejdani, D. K. Riskin, L. Reimnitz, G. Taubin, and K. S. Breuer. "Falling with Style: Bats Perform Complex Aerial Rotations by Adjusting Wing Inertia." *PLOS Biology,* 13:e1002297, 2015.

Berry, M. V. "The Adiabatic Phase and Pancharatnam's Phase for Polarized Light." *Journal of Modern Optics,* 34:1401–1407, 1987.

Berry, M. V. "Geometric Phase Memories." *Nature Physics,* 6:148–150, 2010.

Berry, M. V. "Quantal Phase Factors Accompanying Adiabatic Changes." *Proceedings of the Royal Society of London A,* 392:45–57, 1984.

Berry, M. V., and M. Wilkinson. "Diabolical Points in the Spectra of Triangles." *Proceedings of the Royal Society of London A,* 392:15–43, 1984.

Biesterfeldt, H. J. "Twisting Mechanics II." *Gymnastics,* 16:46–47, 1974.

Binette, K. H. "Cat Is Unharmed after 26 Story Fall from High Rise Building." *Life with Cats,* February 17, 2015. https://www.lifewithcats.tv/2015/02/17/cat-is-unharmed-after-26-story-fall-from-high-rise-building/.

Bingham, J. T., J. Lee, R. N. Haksar, J. Ueda, and C. K. Liu. "Orienting in Mid-Air through Configuration Changes to Achieve a Rolling Landing for Reducing Impact after a Fall." In *IEEE/RSJ International Conference on Intelligent Robots and Systems,* pages 3610–3617, 2014.

Blakemore, E. "Cats Are Adorable Physicists." *Smithsonian,* June 16, 2016. Online.

Bleecker, A. "Jungfrau Spaiger's Apostrophe to Her Cat." In S. Kettell, ed., *Specimens of American Poetry.* S. G. Goodrich, Boston, 1829.

Bossewell, John, and Gerard Legh. *Workes of Armorie: Deuyded into three bookes, entituled, the Concordes of armorie, the Armorie of honor, and of Coates and creastes.* In aedibus Richardi Totelli, London, 1572.

Braun, M. *Picturing Time.* University of Chicago Press, Chicago, 1992.

Brehm, D. "The Surprising Physics of Cats' Drinking." *MIT News,* November 12, 2010. Online.

Brindley, G. S. "How Does an Animal That Is Dropped in a Non-Upright Posture Know the Angle through Which It Must Turn in the Air So That Its Feet Point to the Ground?" *Journal of Physiology,* 180:20–21P, 1965.

Brindley, G. S. "Ideal and Real Experiments to Test the Memory Hypothesis of Righting in Free Fall." *Journal of Physiology,* 184:72–73P, 1966.

Brindley, G. S. "The Logical Bassoon." *The Galpin Society Journal,* 21:152–161, 1968.

Brooks, R. A. "New Approaches to Robotics." *Science,* 253:1227–1232, 1991.

Brown, E. L. "Human Performance and Behavior during Zero Gravity." In E. T. Benedikt, ed., *Weightlessness—Physical Phenomena and Biological Effects.* Springer, New York, 1961.

Brown, E. L. "Research on Human Performance during Zero Gravity." In G. Finch, ed., *Air Force Human Engineering, Personnel, and Training Research.* National Academy of Sciences, Washington, DC, 1960.

Brown, Rev. L. E. "Seeing the Elephant." *Bulletin of Comparative Medicine and Surgery,* 2:1–4, 1916.

Brownridge, J. D. "When Does Hot Water Freeze Faster Than Cold Water? A Search for the Mpemba Effect." *American Journal of Physics,* 79:78–84, 2011.

Burridge, H. C., and P. F. Linden. "Questioning the Mpemba Effect: Hot Water Does Not Cool More Quickly Than Cold." *Scientific Reports,* 6:37665, 2016.

Campbell, L., and W. Garnett. *The Life of James Clerk Maxwell,* page 499. Macmillan, London, 1882.

Carter, M. S., and W. E. Carter. "Seth Carlo Chandler Jr.: The Discovery of Variation of Latitude." In *Polar Motion: Historical and Scientific Problems,* volume 208 of *ASP Conference Series,* pages 109–122, 2000.

Chandler, S. C. "On the Variation of Latitude, I." *Astronomical Journal,* 248:59–61, 1891.

Chandler, S. C. "On the Variation of Latitude, II." *Astronomical Journal,* 249:65–70, 1891.

Chittock, L. *Cats of Cairo: Egypt's Enduring Legacy.* Abbeville, New York, 2001.

Chryssomalakos, C., H. Hernández-Coronado, and E. Serrano-Ensástiga. "Do Free-Falling Quantum Cats Land on Their Feet?" *Journal of Physics A,* 48:295301, 2015.

Coopersmith, J. *Energy, the Subtle Concept.* Oxford University Press, Oxford, revised edition, 2015.

"A Copycat Astronaut." *Life Magazine,* June 30, 1968.

Dapena, J. "Contributions of Angular Momentum and Catting to the Twist Rotation in High Jumping." *Journal of Applied Biomechanics,* 13:239–253, 1997.

Davis, M., C. Gouinand, J-C. Fauroux, and P. Vaslin. "A Review of Self-Righting Techniques for Terrestrial Animals." In *International Workshop for Bio-inspired Robots,* 2011. Online.

Defieu, J. F. *Manuel Physique.* Regnault, Lyon, 1758.

Delaunay, M. C. *Traité de Méchanique Rationnelle.* Langlois and Leclercq, Paris, 1856.

Deprez, M. "Sur un appareil servant à mettre en évidence certaines conséquences du théorème des aires." *Comptes Rendus,* 119:767–769, 1894.

Descartes, R. *Discourse on Method, Optics, Geometry, and Meteorology.* Translated by P. J. Olscamp. Bobbs-Merrill, Indianapolis, 1965.

Dictionnaire Technologique. Chez Thomine et Fortic, Paris, 1823.

Diecke, G. H. "Robert Williams Wood, 1868–1955." *Biographical Memoirs of Fellows of the Royal Society,* 2:326–345, 1956.

Dunbar, D. C. "Aerial Maneuvers of Leaping Lemurs: The Physics of Whole-Body Rotations while Airborne." *American Journal of Primatology,* 16:291–303, 1988.

Einstein, A. *The Collected Papers of Albert Einstein,* volume 14 (English Translation Supplement). Princeton University Press, Princeton, NJ, 2015.

"Éloge de M. Parent." *Histoire de l'Academie Royale,* pp. 88–93. 1716.

Errard, J. *La Fortification Démonstrée et Réduicte en Art.* Paris, 1600.

Espenschied, K. S., R. D. Quinn, H. J. Chiel, and R. D. Beer. "Leg Coordination Mechanisms in the Stick Insect Applied to Hexapod Robot Locomotion." *Adaptive Behavior,* 1:455–468, 1993.

Espenschied, K. S., R. D. Quinn, R. D. Beer, and H. J. Chiel. "Biologically Based Distributed Control and Local Reflexes Improve Rough Terrain Locomotion in a Hexapod Robot." *Robotics and Autonomous Systems,* 18:59–64, 1996.

Foucault, L. "Physical Demonstration of the Rotation of the Earth by Means of the Pendulum." *Journal of the Franklin Institute,* 21: 350–353, 1851.

"Foucault, the Academician." *Putnam's Monthly,* 8:416–421, 1857.

Franklin, W. S. "How a Falling Cat Turns Over in the Air." *Science,* 34:844, 1911.

Fredrickson, J. E. "The Tail-Less Cat in Free-Fall." *Physics Teacher,* 27:620–625, 1989.

Frohlich, C. "Do Springboard Divers Violate Angular Momentum Conservation?" *American Journal of Physics,* 47:583–592, 1979.

Frohlich, C. "The Physics of Somersaulting and Twisting." *Scientific American,* 242:154–165, 1980.

Gaal, R. "Cat Tongues Are the Ultimate Detanglers." *APS News,* 26(1), 2017. Online.

Galileo. *Dialogue Concerning the Two Chief World Systems.* Translated by Stillman Drake. University of California Press, 1953.

Galli, J. R. "Angular Momentum Conservation and the Cat Twist." *Physics Teacher,* 33:404–407, 1995.

Gambale, F. "Does a Cat Always Land on Its Feet?" *Annals of Improbable Research,* 4:19, 1998.

Gardner, M. *My Best Mathematical and Logic Puzzles.* Dover Publications, New York, 1994.

Garnett, L. M. J. *The Women of Turkey and Their Folk-Lore.* D. Nutt, London, 1891.

Gauer, O., and H. Haber. *Man under Gravity-Free Conditions.* U.S. Government Printing Office, Washington, DC, 1950.

Gazenko, O. G., et al. "Harald von Beckh's Contribution to Aerospace Medicine Development (1917–1990)." *Acta Astronautica,* 43:43–45, 1998.

Ge, X.-S., and L.-Q. Chen. "Optimal Control of a Nonholonomic Motion Planning for a Free-Falling Cat." *Applied Mathematics and Mechanics,* 28:601–607, 2007.

Gerathewohl, S. J. "Comparative Studies on Animals and Human Subjects in the Gravity-Free State." *Journal of Aviation Medicine,* 25:412–419, 1954.

Gerathewohl, S. J., and H. D. Stallings. "The Labyrinthine Postural Reflex (Righting Reflex) in the Cat during Weightlessness." *Journal of Aviation Medicine,* 28:345–355, 1957.

Gihon, J. L. "Instantaneous Photography." *The Philadelphia Photographer,* 9:6–9, 1872.

Graves, R. P. *Life of Sir William Rowan Hamilton,* volume 3. Hodges, Figgis, Dublin, 1889.

Grayling, A. C. *Descartes.* Pocket Books, London, 2005.

Gross, R. S. "The Excitation of the Chandler Wobble." *Geophysical Research Letters,* 27:2329–2332, 2000.

Guyou, É. "Note relative à la communication de M. Marey." *Comptes Rendus,* 119:717–718, 1894.

Haber, F., and H. Haber. "Possible Methods of Producing the Gravity-Free State for Medical Research." *Journal of Aviation Medicine,* 21:395–400, 1950.

Haber, H. "The Human Body in Space." *Scientific American,* 184:16–19, 1951.

Hall, M. "On the Reflex Function of the Medulla Oblongata and Medulla Spinalis." *Philosophical Transactions of the Royal Society of London,* 123:635–665, 1833.

Haridy, R. "Boston Dynamics' Atlas Robot Can Now Chase You through the Woods," May 10, 2018. New Atlas website, https://newatlas.com/boston-dynamics-atlas-running/54573/.

Helios. "A New Sky Shade." *The Philadelphia Photographer,* 6:142–144, 1869.

Henry, J. P., E. R. Ballinger, P. J. Maher, and D. G. Simon. "Animal Studies of the Subgravity State during Rocket Flight." *Journal of Aviation Medicine,* 23:421–432, 1952.

Hetherington, J. H. "Letter to Ms. Lubkin," January 14, 1997. *Jack's Pages,* P. I. Engineering.com, http://xkeys.com/PIAboutUs/jacks/FDCWillard.php.

Holland, O. "The First Biologically Inspired Robots." *Robotica,* 21:351–363, 2003.

"A Horse's Motion Scientifically Determined." *Scientific American,* 39(16):241, 1878.

"How Do Cats Always Land on Their Feet?" March 31, 2016. Life in the Air, BBC One, available on YouTube at https://www.youtube.com/watch?v=sepYP_knGWc.

Hutton, C. *A Mathematical and Philosophical Dictionary,* volume 2. J. Johnson, London, 1795.

Iwai, T. "Classical and Quantum Mechanics of Jointed Rigid Bodies with Vanishing Total Angular Momentum." *Journal of Mathematical Physics,* 40:2381–2399, 1999.

Jusufi, A., D. I. Goldman, S. Revzen, and R. J. Full. "Active Tails Enhance Arboreal Acrobatics in Geckos." *Proceedings of the National Academy of Sciences,* 105:4215–4219, 2008.

Jusufi, A., D. T. Kawano, T. Libby, and R. J. Full. "Righting and Turning in Midair Using Appendage Inertia: Reptile Tails, Analytical Models and Bio-Inspired Robots." *Bioinspiration and Biomimetics,* 5:045001, 2010.

Jusufi, A., Y. Zeng, R. J. Full, and R. Dudley. "Aerial Righting Reflexes in Flightless Animals." *Integrative and Comparative Biology,* 51:937–943, 2011.

Kan, J., T. Z. Aziz, A. L. Green, and E. A. C. Pereira. "Biographical Sketch, Giles Brindley, FRS." *British Journal of Neurosurgery,* 28:704–706, 2014.

Kane, T. R., and M. P. Scher. "A Dynamical Explanation of the Falling Cat Phenomenon." *International Journal of Solids and Structures,* 5:663–670, 1969.

Kane, T. R., and M. P. Scher. "Human Self-Rotation by Means of Limb Movements." *Journal of Biomechanics,* 3:39–49, 1970.

Katz, J. I. "When Hot Water Freezes before Cold." *American Journal of Physics,* 77:27–29, 2009.

Kaufman, R. D. "The Electric Cat: Rotation without Net Overall Spin." *American Journal of Physics,* 81:147–152, 2013.

Kawamura, T. "Understanding of Falling Cat Phenomenon and Realization by Robot." *Journal of Robotics and Mechatronics,* 26:685–690, 2014.

Kennedy, H. C. *Peano: Life and Works of Giuseppe Peano.* D. Reidel, Dordrecht, 1980.

Kim, S., M. Spenko, S. Trujillo, B. Heyneman, V. Mattoli, and M. R. Cutkosky. "Whole Body Adhesion: Hierarchical, Directional and Distributed Control of Adhesive Forces for a Climbing Robot." In *IEEE International Conference on Robotics and Automation,* pages 1268–1273, 2007. Online.

Kulwicki, P. V., E. J. Schlei, and P. L. Vergamini. *Weightless Man: Self-Rotation Techniques.* Technical report AMRL-TDR-62–129. Aerospace Medical Research Laboratories, Wright-Patterson Air Force Base, OH, 1962.

Lankester, R. "The Problem of the Galloping Horse." In *Science from an Easy Chair,* pages 52–84. Henry Holt, New York, 1913.

Lasanta, A., F. V. Reyes, A. Prados, and A. Santos. "When the Hotter Cools More Quickly: Mpemba Effect in Granular Fluids." *Physical Review Letters,* 119:148001, 2017.

Lecornu, L. "Sur une application du principe des aires." *Comptes Rendus,* 119:899–900, 1894.

"Leopard Cub Falling Out of a Tree in the Serengeti NP, Tanzania," August 17, 2014. Zoom Safari Videos, available on YouTube at https://www.youtube.com/watch?v=m7iwnbkax-U.

Levenson, T. *Newton and the Counterfeiter.* Mariner Books, Boston, 2010.

Levine, D. N. "Sherrington's 'The Integrative Action of the Nervous System': A Centennial Appraisal." *Journal of Neuroscience,* 253:1–6, 2007.

Lévy, M. "Observations sur le principe des aires." *Comptes Rendus,* 119:718–721, 1894.

Libby, T., T. Y. Moore, E. Chang-Siu, D. Li, D. J. Coheren, A. Jusufi, and R. J. Full. "Tail-Assisted Pitch Control in Lizards, Robots and Dinosaurs." *Nature,* 481:181–184, 2012.

Liddell, E. G. T. "Charles Scott Sherrington, 1857–1952." *Obituary Notices of Fellows of the Royal Society,* 8:241–270, 1952.

Lu, Z., and O. Raz. "Nonequilibrium Thermodynamics of the Markovian Mpemba Effect and Its Inverse." *PNAS,* 114:5083–5088, 2017.

Magnus, O. *Rudolf Magnus—Physiologist and Pharmacologist.* Kluwer Academic Publishers, Dordrecht, 2002.

Magnus, R. "Animal Posture." *Proceedings of the Royal Society of London B,* 98:339–353, 1925.

Magnus, R. "Wie sich die fallende Katze in der Luft umdreht." *Archives néerlandaises de physiologie de l'homme et des animaux,* 7:218–222, 1922.

Malkin, Z., and N. Miller. "Chandler Wobble: Two More Large Phase Jumps Revealed." *Earth, Planets and Space,* 62:943–947, 2010.

Marey, É. J. *Animal Mechanism.* D. Appleton, New York, 1874.

Marey, É. J. "Des mouvements que certains animaux exécutent pour retomber sur leurs pieds, lorsquils sont précipités dun lieu élevé." *Comptes Rendus,* 119:714–717, 1894.

Marey, É. J. *La méthode graphique dans les sciences expérimentales et principalement en physiologie et en médecine.* G. Masson, Paris, 1885.

Marey, É. J. "Sur les allures du cheval reproduites par la photographie instantanée." *La Nature,* 1st semester:54, 1879.

Marsden, J., R. Montgomery, and T. Ratiu. "Reduction, Symmetry, and Phase in Mechanics." *Memoirs of the American Mathematical Society,* 88, 1990.

Maxwell, N. "Induction and Scientific Realism: Einstein versus van Fraassen Part Three: Einstein, Aim-Oriented Empiricism and the Discovery of Special and General Relativity." *British Journal for the Philosophy of Science,* 44:275–305, 1993.

McDonald, D. A. "How Does a Cat Fall on Its Feet?" *New Scientist,* 7:1647–1649, 1960.

McDonald, D. A. "How Does a Falling Cat Turn Over?" *St. Bartholomew's Hospital Journal,* 56:254–258, 1955.

McDonald, D. A. "How Does a Man Twist in the Air?" *New Scientist,* 10:501–503, 1961.

McDonald, D. A. "The Righting Movements of the Freely Falling Cat (Filmed at 1500 f.p.s.)." *Journal of Physiology—Paris,* 129:34–35, 1955.

Mead, C. A., and D. G. Truhlar. "On the Determination of Born-Oppenheimer Nuclear Motion Wave Functions Including Complications due to Conical Intersections and Identical Nuclei." *Journal of Chemical Physics,* 70:2284–2296, 1979.

Merbl, Y., J. Milgram, Y. Moed, U. Bibring, D. Peery, and I. Aroch. "Epidemiological, Clinical and Hematological Findings in Feline High Rise Syndrome in Israel: A Retrospective Case-Controlled Study of 107 Cats." *Israel Journal of Veterinary Medicine,* 68:28–37, 2013.

Montgomery, R. "Gauge Theory of the Falling Cat." *Fields Institute Communications,* 1:193–218, 1993.

Mpemba, E. B., and D. G. Osborne. "Cool?" *Physics Education,* 4:172–175, 1969.

Muller, H. R., and L. H. Weed. "Notes on the Falling Reflex of Cats." *American Journal of Physiology,* 40:373–379, 1916.

Muybridge, E. "Photographies instantanées des animaux en mouvement." *La Nature,* 1st semester:246, 1879.

Nadar, P. "Le nouveau president." *Paris Photographe,* 4:3–9, No. 1, 1894.

Newcomb, S. "On the Dynamics of the Earth's Rotation, with Respect to the Periodic Variations of Latitude." *Monthly Notices of the Royal Astronomical Society,* pages 336–341, 1892.

Newton, I. *The Mathematical Principles of Natural Philosophy.* Translated by Andrew Motte. H. D. Symonds, London, 1803.

Noel, A., and D. L. Hu. "Cats Use Hollow Papillae to Wick Saliva into Fur." *PNAS,* 115:12377–12382, 2018.

"Notes on Some Points Connected with the Progress of Astronomy during the Past Year." *Monthly Notices of the Royal Astronomical Society,* 53:295, 1893.

O'Leary, D. P., and M. J. Ravasio. "Simulation of Vestibular Semicircular

Canal Responses during Righting Movements of a Freely Falling Cat." *Biological Cybernetics,* 50:1–7, 1984.

Ouellette, J. "When Cold Warms Faster Than Hot." *Physics World,* December 2017.

Pancharatnam, S. "Generalized Theory of Interference, and Its Applications." *Proceedings of the Indian Academy of Sciences A,* 44:247, 1956.

Papazoglou, L. G., A. D. Galatos, M. N. Patsikas, I. Savas, L. Leontides, M. Trifonidou, and M. Karayianopoulou. "High-Rise Syndrome in Cats: 207 Cases (1988–1998)." *Australian Veterinary Practitioner,* 31:98–102, 2001.

"Par-ci, par-là." *La Joie de la Maison,* 202:706, 1894.

Parent, A. "Sur les corps qui nagent dans des liqueurs." *Histoire de l'Academie Royale,* pages 154–160, 1700.

Peano, G. "Il principio delle aree e la storia d'un gatto." *Rivista di Matematica,* 5:31–32, 1895.

Peano, G. "Sopra la spostamento del polo sulla terra." *Atti della Reale Accademia delle scienze di Torino,* 30:515–523, 1895.

Peano, G. "Sul moto del polo terrestre." *Atti dell'Accademia Nazionale dei Lincei,* 5:163–168, 1896.

Peano, G. "Sul moto del polo terrestre." *Atti della Reale Accademia delle scienze di Torino,* 30:845–852, 1895.

Peano, G. "Sul moto di un sistema nel quale sussistono moti interni variabili." *Atti dell'Accademia Nazionale dei Lincei,* 4:280–282, 1895.

Peano, G. "Sur une courbe, qui remplit route une aire plane." *Mathematische Annalen,* 36:157–160, 1890.

"Perpetual Motion." *Modern Medical Science (and the Sanitary Era),* 10:182, 1897.

"Philosophy and Common Sense." *Monthly Religious Magazine,* 29–30:298, 1863.

"Photographs of a Tumbling Cat." *Nature,* 51:80–81, 1849.

Pope, M. T., and G. Niemeyer. "Falling with Style: Sticking the Landing by Controlling Spin during Ballistic Flight." In *IEEE/RSJ International Conference on Intelligent Robots and Systems,* pages 3223–3230, 2017.

Potonniée, G. *The History of the Discovery of Photography.* Tennant and Ward, New York, 1936.

Putterman, E., and O. Raz. "The Square Cat." *American Journal of Physics,* 76:1040–1044, 2008.

Quitard, P. M. *Dictionnaire Étymologique, Historique et Anecdotique des Proverbes.* P. Pertrand, Paris, 1839.

Rademaker, G. G. J., and J. W. G. ter Braak. "Das Umdrehen der fallenden Katze in der Luft." *Acta Oto-Laryngologica,* 23:313–343, 1935.

Rankine, W. J. M. *Manual of Applied Mechanics.* Griffin, London, 1858.

Reis, P. M, S. Jung, J. M. Aristoff, and R. Stocker. "How Cats Lap: Water Uptake by *Felis catus.*" *Science,* 330:1231–1234, 2010.

Renner, E. *Pinhole Photography.* Focal Press, Boston, 2nd edition, 2000.

Robe, T. R., and T. R. Kane. "Dynamics of an Elastic Satellite—I." *International Journal of Solids and Structures,* 3:333–352, 1967.

Robinson, G. W. "The High Rise Trauma Syndrome in Cats." *Feline Practice,* 6:40–43, 1976.

Ross, C. H. *The Book of Cats.* Griffith and Farran, London, 1893.

Routh, E. J. *The Elementary Part of a Treatise on the Dynamics of a System of Rigid Bodies.* Macmillan, London, 1897.

Sadati, S. M. H., and A. Meghdari. "Singularity-Free Planning for a Robot Cat Freefall with Control Delay: Role of Limbs and Tail." In *8th International Conference on Mechanical and Aerospace Engineering,* pages 215–221, 2017.

Schock, G. J. D. "A Study of Animal Reflexes during Exposure to Subgravity and Weightlessness." *Aerospace Medicine,* 32:336–340, 1961.

Schrödinger, E. *The Present Situation in Quantum Mechanics.* Princeton University Press, Princeton, NJ, 1983. Translated reprint of original paper.

Seabrook, W. *Doctor Wood, Modern Wizard of the Laboratory.* Harcourt, Brace, New York, 1941.

Sherrington, C. S. *Inhibition as a Coordinative Factor.* Elsevier, Amsterdam, 1965.

Sherrington, C. S. *The Integrative Action of the Nervous System.* Charles Scribner's Sons, New York, 1906.

Sherrington, C. S. "Note on the Knee-Jerk and the Correlation of Action of Antagonistic Muscles." *Proceedings of the Royal Society of London,* 52:556–564, 1893.

Sherrington, C. S. "On Reciprocal Innervation of Antagonistic Muscles." Third note. *Proceedings of the Royal Society of London,* 60:414–417, 1896.

Shield, S., C. Fisher, and A. Patel. "A Spider-Inspired Dragline Enables Aerial Pitch Righting in a Mobile Robot." In *IEEE/RSJ International Conference on Intelligent Robots and Systems,* pages 319–324, 2015. Online.

Shields, B., W. S. P. Robertson, N. Redmond, R. Jobson, R. Visser, Z. Prime, and B. Cazzolato. "Falling Cat Robot Lands on Its Feet." In *Proceedings of Australasian Conference on Robotics and Automation, 2–4 Dec 2013,* 2013.

Skarda, E. "Cat Survives 19-Story Fall by Gliding Like a Flying Squirrel." *Time Magazine,* March 22, 2012. Online.

Smith, P. G., and T. R. Kane. "On the Dynamics of the Human Body in Free Fall." *Journal of Applied Mechanics,* 35:167–168, 1968.

Solnit, R. *River of Shadows.* Penguin Books, New York, 2003.

Stables, W. G. *"Cats": Their Points and Characteristics, with Curiosities of Cat Life, and a Chapter on Feline Ailments.* Dean and Son, London, 1874.

Stables, W. G. *From Ploughshare to Pulpit: A Tale of the Battle of Life.* James Nisbet, London, 1895.

"The Steam Man." *Scientific American,* 68:233, 1893.

Stepantsov, V., A. Yeremin, and S. Alekperov. "Maneuvering in Free Space." *NASA TT F-9883,* 1966.

Stokes, G. G. *Memoir and Scientific Correspondence.* Cambridge University Press, Cambridge, 1907.

Stratton, J. A. "Harold Eugene Edgerton (April 6, 1903–January 4, 1990)." *Proceedings of the American Philosophical Society,* 135:444–450, 1991.

Studnicka, F., J. Slegr, and D. Stegner. "Free Fall of a Cat—Freshman Physics Exercise." *European Journal of Physics,* 37:045002, 2016.

Tait, P. G. "Clerk-Maxwell's Scientific Work." *Nature,* 21:317–321, 1880.

Takagi, S., M. Arahori, H. Chijiiwa, M. Tsuzuki, Y. Hataji, and K. Fujita.

"There's No Ball without Noise: Cats' Prediction of an Object from Noise." *Animal Cognition,* 19:1043–1047, 2016.

Teitel, A. S. *Breaking the Chains of Gravity.* Bloomsbury Sigma, New York, 2016.

Tesla: Master of Lightning, PBS, website materials on Life and Legacy, http://www.pbs.org/tesla/ll/story_youth.html.

Thompson, G. "Spiders and the Electric Light." *Science,* 9:92, 1887.

Thone, F. "Right Side Up." *Science News-Letter,* 25:90–91, 1934.

Tomson, G. R. *Concerning Cats: A Book of Poems by Many Authors.* Frederick A. Stokes, New York, 1892.

Toulouse, E. "Nécrologie—Marey." *Revue Scientifique,* 5:673–675, T. 1 1904.

Triantafyllou, M. S., and G. S. Triantafyllou. "An Efficient Swimming Machine." *Scientific American,* 272:64–70, March 1995.

Vandiver, J. K., and P. Kennedy. "Harold Eugene Edgerton (1903–1990)." *Biographical Memoirs,* 86:1–23, 2005.

Verbiest, H. "In Memoriam Prof. Dr. G. G. J. Rademaker." *Nederlands Tijdschrift voor Geneeskunde,* 101:849–851, 1957.

Vincent, J. F. V., O. A. Bogatyreva, N. R. Bogatyrev, A. Bowyer, and A-K. Pahl. "Biomimetics: Its Practice and Theory." *Journal of the Royal Society Interface,* 3:471–482, 2006.

Vnuk, D., B. Pirkic, D. Maticic, B. Radisic, M. Stejskal, T. Babic, M. Kreszinger, and N. Lemo. "Feline High-Rise Syndrome: 119 Cases (1998–2001)." *Journal of Feline Medicine and Surgery,* 6:305–312, 2004.

Volterra, V. "Il Presidente Brioschi dà comunicazione della seguente lettera, ricevuta dal Corrispondente V. Volterra." *Atti dell'Accademia Nazionale dei Lincei,* 5:4–7, 1896.

Volterra, V. "Osservazioni sulla mia Nota: 'Sui moti periodici del polo terrestre.' " *Atti della Reale Accademia delle scienze di Torino,* 30:817–820, 1895.

Volterra, V. "Sui moti periodici del polo terrestre." *Atti della Reale Accademia delle scienze di Torino,* 30:547–561, 1895.

Volterra, V. "Sulla rotazione di un corpo in cui esistono sistemi ciclici." *Atti dell'Accademia Nazionale dei Lincei,* 4:93–97, 1895.

Volterra, V. "Sulla teoria dei motì del polo nella ipotesi della plasticità terrestre." *Atti della Reale Accademia delle scienze di Torino,* 30:729–743, 1895.

Volterra, V. "Sulla teoria dei moti del polo terrestre." *Atti della Reale Accademia delle scienze di Torino,* 30:301–306, 1895.

Volterra, V. "Sulla teoria dei movimenti del polo terrestre." *Astronomische Nachrichten,* 138:33–52, 1895.

Volterra, V. "Sul moto di un sistema nel quale sussistono moti interni variabili." *Atti dell'Accademia Nazionale dei Lincei,* 4:107–110, 1895.

von Beckh, H. J. A. "Experiments with Animals and Human Subjects under Sub and Zero-Gravity Conditions during the Dive and Parabolic Flight." *Journal of Aviation Medicine,* 25:235–241, 1954.

Wagstaff, K. "Purr-plexed? Cats Teach a Robot How to Land on Its Feet." *Today,* October 14, 2016. Online.

Walker, C., C. J. Vierck Jr., and L. A. Ritz. "Balance in the Cat: Role of the Tail and Effects of Sacrocaudal Transection." *Behavioural Brain Research,* 91:41–47, 1998.

Walter, W. G. "An Imitation of Life." *Scientific American,* pages 42–45, May 1950.

Weber, R. L. *More Random Walks in Science.* Taylor and Francis, New York, 1982.

Weed, L. H. "Observations upon Decerebrate Rigidity." *Journal of Physiology,* 48:205–227, 1914.

Wehrey, C. "Hubble and Copernicus," November 8, 2012. *Verso: The Blog of the Huntington Library, Art Collections, and Botanical Gardens,* http://huntingtonblogs.org/2012/11/hubble-and-copernicus/.

Whitney, W. O., and C. J. Mehlhaff. "High-Rise Syndrome in Cats." *Journal of the American Veterinary Medical Association,* 191:1399–1403, 1987.

Whitsett, C. E., Jr. *Some Dynamic Response Characteristics of Weightless Man.* Technical Report AMRL-TDR-63-18. Aerospace Medical Research Laboratories, Wright-Patterson Air Force Base, OH, 1963.

Whittaker, C. "Vito Volterra. 1860–1940." *Obituary Notices of Fellows of the Royal Society,* 3:691–729, 1941.

"Why Cats Always Land on Their Feet." *Current Opinion,* 17:42, 1895.

Wojciechowski, B., I. Owczarek, and G. Bednarz. "Freezing of Aqueous Solutions Containing Gases." *Crystal Research and Technology,* 23:843–848, 1988.

Woodruff, T. O. "WoodruffLetter" (Letter to Jack Hetherington), November 26, 1975. *Jack's Pages,* P. I. Engineering.com, http://xkeys.com/PIAboutUs/jacks/FDCWillard.php.

Woods, G. S. "Stables, William Gordon." In *Oxford Dictionary of National Biography.* Oxford University Press, Oxford, 2004.

The World of Wonders. Cassell, London, 1891.

Wright, J. M. *Alma Mater; or, Seven Years at the University of Cambridge.* Black, Young and Young, London, 1827.

Wright, W. *Flying,* pages 87–94, March 1902.

Yamafuji, K., T. Kobayashi, and T. Kawamura. "Elucidation of Twisting Motion of a Falling Cat and Its Realization by a Robot." *Journal of the Robotics Society of Japan,* 10:648–654, 1992.

Yeadon, M. R. "The Biomechanics of Twisting Somersaults. Part III: Aerial Twist." *Journal of Sports Science,* 11:209–218, 1993.

Zhao, J., L. Li, and B. Feng. "Effect of Swing Legs on Turning Motion of a Freefalling Cat Robot." In *Proceedings of 2017 IEEE International Conference on Mechatronics and Automation,* pages 658–664, 2017.

Zhen, S., K. Huang, H. Zhao, and Y-H. Chen. "Why Can a Free-Falling Cat Always Manage to Land Safely on Its Feet?" *Nonlinear Dynamics,* 79:2237–2250, 2015.

致谢

要写一本这类性质的书，在智力和情感方面都需要大量投入。我得到了很多朋友、同事和其他慷慨人士的帮助，我想在最后的这一刻表达我的感激之情。

首先，我要感谢我的朋友萨拉·阿迪，她是一位很有天赋的艺术家，她为猫画了很多美丽的插画，这些都是我画不出来的。正因为有了她，整本书里才没有充满摆出各种匪夷所思造型的简笔画人物。

许多历史上的论文都不是用英语写的，很大程度上我依靠谷歌翻译来帮助理解，幸运的是，科学论文通常是以一种干巴巴的、直来直去的方式写就的，这会令文章比较易于理解。一些关键的法语段落需要更优雅的翻译，我要感谢我的朋友亚娜·斯隆·范吉斯特提供了这些翻译。感谢延斯·弗尔博士翻译了爱因斯坦的一段重要的德语引文。我还要感谢我的老朋友丽贝卡·斯塔基在图书馆查询方面提供的有益建议。

在写这本书的过程中，我联系了许多科学家，请求采访或询问信息，不幸的是，我收到的回答比请求少得多（我怀疑很多人不相信这是一个严肃的项目)。所以我特别感谢佐治亚理工学院的亚历克西斯·诺埃尔、阿德莱德大学的威尔·罗伯逊、密歇根州立大学和P. I. 工程公司的杰克·赫瑟林顿和他的妻子玛吉,以及布里斯托尔大学的迈克尔·贝里,感谢他们无私地抽出时间回答我的问题。(当然,书中可能出现的任何不准确之处,都由我负全责。)

在漫长而充满压力的写作过程中,我的朋友们一直在为我打气。我要特别感谢我的好朋友贝丝·绍博、马伊·库埃迪和凯拉·阿雷纳斯。我还要感谢我的滑冰教练塔皮·德林格(我在每本书里都会感谢他);感谢我的吉他老师托比·沃森,还有我在卡罗来纳跳伞协会的朋友们,他们为我提供了消遣和娱乐。一如既往地感谢我的父母约翰·格布尔和帕特·格布尔,感谢他们为我所做的一切。

我不得不为这本书中的许多图像请求授权,并感谢在这个过程中我所得到的所有帮助。我要特别感谢《航空航天医学与人类行为》期刊的总编帕姆·戴,他不仅提供了授权许可,而且提供了一个押头韵的句子:"Falling felines are a fascinating phenomenon."(下落的猫是一个迷人的现象。)[①]

在书中使用这些图像需要花钱,其中一些图像的价格高得令人难以置信。2018年年底,当我登录来助我(GoFundMe)网站众筹授权费用时,线上线下的朋友都给我提供了大量帮助,对此我将永远感激不尽。特别鸣谢以下人士(和他们的宠物):马克·曼奇尼;布莱恩、布伦南和塔兹·考克斯;张永涛(音译);罗切斯特大学的比奇洛CAT小

① 头韵指一个句子中有两个单词或两个以上单词的首字母及其发音相同,形成悦耳的读音。

组[1]；劳拉·金尼施茨克和她亲爱的宠物伯特（它是史上最酷的缅因库恩犬）和迪克西（它是最棒的比格犬）；库普斯瓦米和宠物卡尔提克和迈特里；阿祖尔·汉森、齐吉和阿纳斯塔西娅；戴夫·柯蒂斯和他的狗杰克；小罗纳德·A. 安布罗斯和他的猫彩虹糖；纪念埃尔法巴和伊拉斯谟的戴蒙·迪尔和布拉德·克拉多克；钱斯（巴迪）·克鲁克香克；纪念猫豆蔻的杰夫·森萨博；休、鲍泽和已故的塞拉；加雷思·迪尤；约翰·格布尔（即我父亲）；丽贝卡·斯泰福夫和薛西斯；史蒂夫·卡罗；布莱恩·R. 吉布森；劳伦斯·罗杰斯；珍·克罗斯和佐尔；阿龙和萨拉·戈拉斯和他们的猫林克；托马斯·斯旺森；克里斯·苏扎、他收养的野猫斯基皮和穿越200英里救援来的南美栗鼠皮卡–夏尔；米歇尔·班克斯和茶壶；乔安妮·鲍尔和莫；玛利亚·I. 恰登和杰特；詹森·萨尔肯；史蒂夫·库克。特别感谢帕斯卡莱·莱恩、多蒂和亚娜·米德尔顿！

最后，我要感谢我在耶鲁大学出版社的编辑约瑟夫·卡拉米亚和玛丽·帕斯蒂，感谢他们的帮助，使这本书得以出版，且做到了尽可能完美。

① 这是物理学家玩的又一个猫梗，CAT在英语中是“猫”的意思，同时也是Cooling and Trapping（冷却和捕获）的首字母缩写，这是物理学家比奇洛的研究小组。